GETTING SCIENCE WRONG

被误解的科学

Why the Philosophy of Science Matters

〔英〕保罗·迪肯 —— 著 李果 —— 译

PAUL DICKEN

重庆大学出版社

目　录

001　**插图列表**

002　**导论**

001　**第一章**
在错误中学习

031　**第二章**
试错

061　**第三章**
科学形象种种

089　**第四章**
88.6%的虚假数据

119　**第五章**
不同世界的生活

151   **第六章**
科学的破产

179   **第七章**
解局者

207   **结语**

217   **书中人物评传**

229   **注释**

251   **参考书目**

插图列表

图1.1　"亚当斯先生在勒韦里耶先生的工作中发现了新的行星"（*M. Adams découvrant la nouvelle planète dans le rapport de M. Leverrier*），作者卡姆（Amedee Charles Henri de Noe），摘自 *L'Illustration* (November 1846)。

图2.1　"中世纪一位传教士讲述他发现了天体与地球交会的地方"（作者不详），摘自Camille Flammarion（卡米耶·弗拉马利翁），*L'atmosphère: météorologie populaire* (Paris, 1888)。

图4.1　"福尔摩斯拔出了手表"（*Holmes pulled out his watch*），作者西德尼·佩吉特（Sidney Paris），摘自 *The Strand Magazine* (September 1893)。

图5.1　"他们通过敲击声或者爪子说话！"（*They spoke by the clicking or scraping of huge paws*）作者霍华德·V.布朗（Howard V. Brown），摘自 *The Shadow Out of Time* (June 1936)。

图6.1　"圣安东尼在沙漠中受到的诱惑"（*The Temptation of St Anthony in the Desert*），作者卢卡斯·克拉纳赫（Lucas Cranach），木雕，1506年（卫斯理大学戴维森艺术中心开放图片）。

导论

　　这本小书关乎被误解的科学。乍一看，这个主题似乎有点不合常理。我们当然懂得科学！毕竟，我们几乎在生活的方方面面都需仰赖无数科学理论的成果。每当我们搭乘飞机、看医生，或者急不可耐地将受欢迎的尚格·云顿的电影推入DVD播放器时，都默认了周遭世界的各种理论假设为真。即便在本书的制作这种技术要求不高、较为随意的过程中，我也总会依赖无数科学进步的结果，这些进步在几十年前是不可想象的——从忽略来自编辑日渐不安的邮件，到上网搜索参考文献，再到与检查我的拼写、纠正我的语法以及粗暴对待我精心安排的措辞等一切事项。如果我们真的误解了科学及其规律，这一切都无从发生。飞机可能坠毁，药物可能有毒副作用，我们永远也无缘得见身着紧身裤、踢着扫堂腿的人带来的特定种类的江湖正义，虽然我们所有人都知道并醉心于此。也许更为直截了当的是，如果电子真的不存在，且其大致的表现也不像我们的科学理论所描述的那样，那么，我的笔记本电脑就不过是一个昂贵的镇纸，这本书也永远写不出，而上述讨论也无从开始。

　　话虽如此，但我们仍然有理由采取更加谨慎的态度。当代的科学理论在其特定的应用领域无疑是相当成功的——但俗话说，浩瀚的世界古已有之，我们到如今才对其略知一二。从宇宙的角度讲，最成功的科学理论可测试的事件数量极其少，范围非常窄。更糟糕的是，现代科学最重要的贡献之一，便是发现了作为一个物种，我们在智性上是何等平庸，我们在宇宙中的地位是何等窘迫。物理学的不断进步已逐渐将地球从神圣秩序主宰下的宇宙静止中心，降格为在不起眼的星系的遥远角落里快速旋转的众多行星之一。同样，生物学的进步也只是强调了我们这个物种严重的认知局限，我们最初的进化是为了能在光线充足且相对开阔的草原上狩猎大型哺乳动物，但现在我们正努力理解时空的相对论曲率和量子叠加状态等令人难以置信的现象。吊诡的是，科学似乎告诉我们周遭世界的信息越多，我们就越应该对自己理解它们的能力持怀疑态度！事实上，科学史确实证明了困扰我们智性发展的诸多错误开端和死胡同。我们可能会自我感觉良好地认为，当代科学理论无可争辩的成功让我们有充分的理由相信其为真——但此前无数的科学家也曾作如是观，直到下一个重大突破将所有人打回起点。我们曾犯下错误，未来也定会如此。

这两个相互竞争的直觉实际上为整个科学哲学的学术分支提供了起点，我曾耗费多年时间——回想起来，可能有些不明智——在世界各地讲授这个主题。它一定不是最时兴的研究领域，甚至其他哲学家也会同意这一点，而且我可以向你保证，投入到这个领域的经费并不多。科学哲学的核心问题并不被正在从事研究的科学家们所关注，理所当然，他们关注的东西比这些抽象的猜测重要得多，而这个学科中最著名的人物也并不总是家喻户晓。实际上，就我目前的想法而言，我很可能径直进入这个主题之中，这意味着我不必再学习任何乏味的伦理学课程了。但困难旋即出现。无论人们对这个主题的想法有何不同，自然科学都是我们发现周遭世界最重要的方法，如果我们无法解决以下两方面——当代科学理论看似无可否认的成功与历史记载中同样无可争辩的科学失败——的紧张关系，那么，我们认知世事的其他领域，乃至更一般地，我们如何看待自己在世界中的地位等方面也会出现一些严重问题。

然而，所有这些令人着迷的哲学推测都预示了另一个更为基本的问题。在上述三段文字中，我只是随便谈到了科学理论的成功及其在历史上的败绩，并暗示了自然科学在塑造我们对自身和世界的理解方面的作用。我们在这个抽象层面立论时，很容易就会预设存在一个经过充分定义的科学概念，进而可供我们毫无争议地使用。然而，科学究竟是什么？是否存在一些明确的标准，将科学实践与人类活动的其余所有领域（我们同样关注这些领域）区别开来？或者，是否科学活动意味着范围更广且资金更充足的活动？我们又该如何区别好科学与坏科学，甚至那些仅仅是伪科学的东西？是否存在让我们的探索轨迹变得科学的法门，又或者，这不过取决于我们当下认为的更重要的问题？如果科学的确是我们发现世界最重要的方式，那么，了解实际上是否存在某种特定的办法指导研究并评估其结果就不是错的，这对自然科学尤其重要，而且最终也有助于它们的成功。

我们的讨论事关科学方法的观念，它令众多哲学家和科学家着迷不已，也产生了大量的论证和争论。但科学方法的观念也产生了重要影响，甚至超越了上述逼仄的科学哲学领域。原因在于，如果我们所有最成功的科学活动的确共享某种特定的操作规程，那么很显然，我们需要审视它、理解它，并最终尝试尽可能将其推广到我们智性生活的其他领域。如此说来，自然科学并不仅仅为我们提供了关于周遭世界的准确理论描述——还为我们提供了衡量所有其他思维方式的规则。实际上，这也是我们亲眼所见，遍布生活各个方面的事情。从高层的政治和政策制定，到街头的日常争吵和社交媒体上毫无节制的讽刺等，我们都看到了科学思维的优点。我的洗发水显然是"科学配方"，它能保持头发的颜色和数量，我的早餐酸奶则是临床上的典范，其中所有不同的微生物和成分都被赋予了杜撰的特定名称，听起来也更加重要。在现代大学里，你将不再像过去那样学习政治学或社会学，而是学习各种"政治科学"——根据机构的不同而学习"图书馆科学""殡仪馆科学"或者"乳业科学"等——这让你知道，自己做的事情必须比以前更加严谨。使反对者噤声，或者让反对意见消失的最好办法莫过于宣称其"不科学"，这是无法被逆转的终极王牌。

然而，问题在于，人们未能就这种所谓的科学方法——最成功的科学活动所共享的确定规则和程序，以及足以将它们区别于其他智性事业的内容——的细节达成任何一致意见。世人的疑虑在于，自然科学享有如此特权，并非因为它们为我们不那么迷人的日常推理方法提供了替代选项，而仅仅在于它们是这些方法最严格和精确应用的典范。但此间仅有程度差异，没有种类差异。哲学家们用了很多年才识得这一点——这架四轮马车上的轮子在20世纪70年代脱落——但这并未对当时仍旧流行的观念造成任何破坏，后者告诉我们，存在一些客观的推理原则，我们可用它们做出判断，并最终令那些在我们看来并未达到这些标准的人闭嘴。这是个产生了重大影响的严肃想法；它也几乎就是错的。这就是本书所涉及的内容——人们对科学的误解，在以下章节中，我会尽力概述、批判，并在必要时无情地嘲笑一些与科学方法相关的更广泛流行的误解，后者似乎在今天仍然被大家认可。乍一眼看去，人似乎很容易就能说清楚科学方法究竟意味着什么。我们从对周围的世界做出简单而无偏见的观察，进而在这些观察的基础上形成一个初步的猜想为开端，接着，我们通过严格的实验，批判性地测试新提出的科学理论。如果这个理论无法通过测试，则将其抛弃；如果它通过测试，则用来解释我们最初观察到的现象，并帮助我们建构更为精确的猜想，接着再进行下一轮的测试。在某个层面上，这当然是正确的——科学家的确进行观察、构建猜想并测试它们。但这并不足以将科学实践与几乎所有其他形式的人类活动区别开来，更不用说解释其无与伦比的成功和声望了。

而且，一旦我们着手展开更为详细的分析，科学研究中的每个单独阶段都会出现重大困难。本书以批判性测试这个观念为起点，区分真正的科学实践和其他人类活动的流行观念，真正的科学实践自发地将最可贵的科学理论付诸最为艰苦卓绝的测试，并且愿意在任何反面证据面前将其抛弃。相比之下，好些不那么受人尊重的智性努力——占星术、顺势疗法以及精神分析等——常常不断设法调整并修正自己的立场，从而与任何明显的反常现象相协调。但这只是我们科学方法论的一个方面，并且，这个方面并未囊括真正科学过程的诸多重要情况。更重要的是，它还放大了将科学方法归纳为一套单独的简单规则或原则的危险。近期，美国法院的裁决特别充分地说明了这一点，这些判决试图在科学实践的单一理解基础上立法，反对受宗教启发的进化论替代选项。其结果不仅完全失败，而且也非常接近人们所呼吁的科学批判态度理应反对的狭隘观念。

这一特定事件锚定了本书其余部分将要展开的几个主题。本书不仅旨在探讨关于科学方法的一些常见的误解，而且还试图讨论这些误解如何反过来影响了我们生活的其他方面。使用科学方法的特殊定义来立法反对形形色色的创造论和智能设计的企图也表明，人们讨论科学时也常常带有政治动机。因此，第二章探讨了科学史上最臭名昭著的一个事件，即罗马天主教会对伽利略的迫害。这涉及我们试图把科学方法具象化的另一种方式，它依赖无偏见的观察，并区别于那些可能刺激伽利略的反对者们对权威的教条性诉求。很不幸，这个事件在事实层面与人们通常的认知大不相同——无偏见的观察实际上比看上去难多了，激进的新科学理论所面临的政治压力往往来自科学共同体内部，而非外界。

第三章和第四章分别讲述余下的猜想和概念。一般而言，我们的科学理论试图实现两个不同的目标。一方面，它们旨在提供详尽的数学工具来预测不同的现象；另一方面，它们也试图向我们提供令人满意的解释，进而说明其讨论的现象为何表现出了现实当中的样子。有时候，这两个不同的目标可能相互对立。例如在量子力学中，预测工具的精确度和准确度史无前例，但它却向我们展现了一个无人真正理解的亚原子世界。相比之下，进化生物学中的自然选择为我们提供了一个理解大范围内不同事件的强大框架，但它本身并不能让我们预测哪些突变和适应性可在将来的世代中保存下来。过分强调任何一个方面都会让我们对科学方法的理解出现相似的问题。一方面，不断发生的算法革命提供了一个前景，即我们可以直接从更大的统计数据库中读取有意义的相关量，从而完全去除模糊和主观的解释。然而问题在于，科学不仅需要更多的数据，还需要正确类型的数据，这不是任何体量的数字运算所能确定的。反过来，深入考察一种解释胜过另一种的道理，则为我们构建新的科学猜想提供了强大的启发。然而，

被误解的科学

并不存在确定的算法来判断科学解释的好坏，也没有一套可从科学规程中提炼出来的方法论原理。

如果我们对科学理论的批判性测试无法把握科学方法的全部，如果对现象的无偏见观察以及证据的无成见累积最终都不可能，如果最好的科学猜想更多揭示了我们的主观动机而非世界的逻辑结构，那么，不仅不存在科学方法的可能性会增加，而且科学本身也成了一种内在非理性的活动。根据这种观点，科学理论的核心主张仅仅反映了塑造我们生活其余方面的更大的社会力量——它可能获得了更好的资助，并且有着难以捉摸的权威，但仍然不过是通过其他手段得以延续的政治。这种观点一定为二流学者热情拥护，他们仍向往着20世纪60年代激进运动时期的辉煌岁月，但这也是自科学实践诞生之时便已存在的观点。我们会在第五章讨论这一点，我们会谈到"二战"后公众对爱因斯坦的反应——某种虚假的激进主义和直接的反犹主义的混合物——也会谈到，为何过分强调社会政治因素不仅无法充分刻画科学实践，还会导致前后矛盾。

第六章会再度提及科学和社会的相互作用，并指出，人们对科学方法的怀疑方式也必须同样地谨慎对待。为了尽可能地引起读者的关注，本章探讨了环境保护和气候变化领域的一些主张，特别是这些主张制造的一些更具灾难性的预测。或许，读者能够注意到，无论对这些科学理论采取何种立场都与本书任何内容不相关——根据人们的品位，尚有大量其他书籍可供咨询、推荐和抨击——相比之下，本章试图检查我们评估这些科学理论时提出的种种论证。特别地，本章关注的是在更大的范围内，一些怀疑人类影响了气候变化的论点是如何在一定程度上前后不一地援引科学观点支持其怀疑态度的；我们还会考察，论辩双方经常会以何种方式将不同物理系统的主张与其内部个体行为的主张混为一谈。这两个谬误并不来自人们对科学事实的误解，而是来自他们对此前章节所述的科学方法的肤浅理解。

作为终章的第七章则回到了我们如何区分科学和其他智性活动的问题上，对此，我们采取了更为宏大的历史视角。本章探讨了历史学家和哲学家试图追索科学探究之起源的方式，并将其置于人类为了理解周遭世界而建构的不同的历史叙事之中。此处的参照往往是宗教——人一旦停止用神灵解释事情的起因，他就变得科学起来——这也是达尔文革命经常被视为真正的科学世界观之顶峰的原因。虽然生物复杂性有着更简单的起源的观点肯定为我们理解周遭世界提供了强大的框架，但其哲学意义却常常遭到误解并被夸大。世人在达尔文之前数个世纪便认识到，激烈竞争之下的随机变异可导致良好适应的结果，这就对当代生物学具备所谓的深刻神学后果提出了严重质疑，而这种后果又刺激了某种科普出版事业的全面发展。它还具备令人无法想象的危险。一个剥夺了设计证据的世界很可能是从所有不科学的思维模式中解放出来的——但它也是我们无

被误解的科学

法理解的，我们的科学方法派不上用场。仅仅因为机器中没有上帝，并不意味着细节之中不见魔鬼。

　　本书是作者在过去几年里，奔波于世界各地时断断续续写就的。印象中，某个章节在美国西海岸的长途火车中已大致完成，尽管现在我并不记得这次旅程是向北去往西雅图还是向南去往洛杉矶了，我也不记得为何开始了这场旅行，只记得火车吧台的服务非常好。另一章，则是我在酷热难当的费城，徘徊于嬉皮咖啡馆和脏乱差的体育酒吧时完成的。因为三分之一的章节最终完全从写作计划中删除了，我又花了几个星期从费城市立图书馆系统中搜寻书籍和参考文献；尽管如此，我还是衷心推荐用这种方式帮助你熟悉新的地方。我对伽利略的研究大多是在悉尼的新南威尔士大学展开的，该章的大部分内容草就于可俯瞰邦迪海滩的RSL餐厅（再次强调，酒吧服务不错）。我探望居住在英国的父母时重读了休谟，但只能在几个月后，在纽约州北部暴雪期的空档，我才归拢了这些材料。这期间我忙于本科生教材的写作，可能其中包含了太多逻辑符号才宕期至此。一次前往新加坡的短期旅程被我耗费在了概述中世纪巫术的材料上，它以某种方式设法逃过了数次重要的重写，并且仍然以某种侧边注脚的方式（sinister half-existence）残喘于本书接近中间的某个地方。最后的编辑和润色开始于萨默塞特平原，期间无可记述，尽管我就杵在伯罗山苹果酒农场路边，这倒省了不少事。

　　我要感谢我的经纪人安迪·罗斯（Andy Ross）对这个项目的热忱，还要感谢我的编辑科琳·柯尔特（Colleen Coalter）和安德鲁·沃尔德（Andrew Wardell）监督我完成这项工作。这是我写的第三本书，也是我父亲口中第一本具有可读性的书。我要感谢他的有益评论；任何对理查德·尼克松声誉的进一步质疑都由我负责。最后，我对卡特里娜·格利佛（Katrina Gulliver）为我做的所有事情致以爱意和感谢。

第一章

在错误中学习

1969年7月，成功伪造首次登月记录后，美国政府顷刻间设法解决了两个最紧要的政治问题。当然，他们首先把公众的视线从越来越不受欢迎的越南战争中移开，从而有助于确保理查德·尼克松的连任，他是这整个事件的幕后操纵者——让我们诚实地面对这一点——正是在这种不值得信任的位置上，你会发现他厚颜无耻地利用了普罗大众。其次，也许更重要的是，他们还让苏联蒙受了可耻的失败，后者直到彼时一直在太空竞赛中处于领先地位。尽管人们已经对克里姆林宫表现出的偏执大书特书，它会在每一个重要的外太空里程碑事件上打败美国，包括地球轨道上的第一颗卫星，第一个送上轨道的动物，第一个送上轨道的人类，乃至第一次太空行走，等等，但美国人还是很容易就相信阿波罗11号很可能真的横空出世，并且胜过了苏联人此前的所有成就。

　　毋庸置疑，这是一次令人震惊的行动，同时也是一次华丽的欺骗，它涉及成千上万人的共谋，从少数应该在月球上行走的宇航员到无数科学家、工程师和多年来一直为NASA工作的地面支援人员，他们理应让这一切成为可能——并且，别忘了还有制作骗局所需的摄制组、布景设计师、声音技术人员和照明操作员等等。这个骗局还涉及招募亚瑟·C.克拉克和斯坦利·库布里克来撰写和指导他们那标志性的太空巨制《2001：太空漫游》（*2001：A Space Odyssey*），这样做只是为了向美国政府提供一个看似合理的封面故事，以防任何外部机构或调查记者偶然发现他们为精心设计骗局而做的准备工作。此事甚至还涉及建造一个巨大的火箭，而这样做仅仅是出于表演需要，这个火箭还要在太空中盘旋几日而不是径直奔向月球，最后还要返回地球并落在太平洋上。一言以蔽之，飞船实际上降落在那可恶的月球上会更容易，成本也小得多，这只能说明，整个行动对深陷泥潭的尼克松政府有多重要……

尽管任何好的阴谋论显然最终都会信誉破产，但所有天真的喃喃自语和头顶锡箔帽的疯狂之举中仍有一些令人嫉妒的地方。一个好的阴谋论的美妙之处在于，你永远无法证明它是错的。它可与你抛出的任何证据相协调，无论这些证据乍看上去多么具有破坏力。例如，有人可能会问，如果登陆月球的确系伪造，那所谓月球上的岩石又来自何处？但我们友好的阴谋论者会解释说，所有这些所谓的"月球岩石"真的是从南极掘出的流星陨石，它们被偷运回位于休斯敦的"指挥中心"，从而可及时地让"宇航员"从"着陆仓"中将其卸载下来（阴谋论往往也夹杂着很多引号），他们甚至都没有半点语塞和心虚。同样，我们可能会指出，最近，由哈勃望远镜拍摄的月球着陆点照片可作为尼尔·阿姆斯特朗外太空征途的证据。但我们友善的阴谋论者只会无奈地摇摇头。噢，拜托，这些照片的分辨率只够显示出一些灰暗的斑点，无论如何，所有人都知道它们原本就在那。如果美国政府真的在1969年伪造了月球登陆行动，那它一定会安排各种所谓的独立证据来支撑这个故事。事实上，这件事遵循一种无情的内在逻辑，即你判断月球登陆真实性的全部证据实际上都必然隶属于一个更大的阴谋论，后者经过精心设计进而将你引向歧途。用专业术语讲，我们称这种理论是不可证伪的（unfalsifiable），因为它永远无法被证明为误——任何人说的任何话，做的任何事都无法让阴谋论者相信自己错了。

　　然而，所有这些与我们通常在自然科学范围内看到的理论大相径庭。举个简单的例子，比如所有乌鸦都是黑的这个主张。我们似乎很容易就能想出必要的证据来证明这个理论为误。只需要有人在某个早晨带着一只白色乌鸦出现在实验室即可。在这种情况下，我们会说这个理论被证伪了——再次强调，我们只是在纯技术层面用这个词表示被证明为错误。或者举个更具实在感的例子，让我们考虑牛顿力学的基本原理。它告诉我们，移动物体所需的力与物体的重量以及物体移动速度成正比——或者更准确地说，所需的力等于质量乘以加速度。而且，人们很容易就可以想出必要的证据来决定性地反驳这种猜想，只需要物体移动的速度比我们施加其上的力所能达到的速度快很多。但这个例子中不会有反例，也没有阴谋论和政府的掩饰。与十足的老派阴谋论相比，似乎我们只需要一个确凿的反例就能一劳永逸地证伪一个科学理论。

　　所有这些都提示出我们思考科学方法的自然方式。虽然任何名副其实的科学理论都基于人们对现有证据的仔细考量，但好的科学理论的确凿特征则是，我们可以很容易地想象出证明它为误的必要证据，例如白色的乌鸦，或者莫名快速移动的石块等。换言之，科学方法的本质不单单在于它始终是关于世界运作方式的细致理论，而是让这些理论受到最严格的检验，然后抛弃那些未通过检验者。正如奥地利哲学家卡尔·波普尔所言：

> 我们的进步并非通过累积更多支持科学理论的确凿证据，而在于不断清除一个又一个错误的理论。因此，我们应该把科学看作猜想和反驳的持续循环——这并非对未来的推测，而是从错误中系统地学习。[1]

也许我们永远无法确定，世人是否恰好获得了正确描述世界的科学理论，但至少我们知道，一旦理论开始出错，科学界就会表示不满，接着重起炉灶，愉快地从头再来。我们可能并不总在一开始就做到正确，但我们确实因为诚实地面对错误才取得进步。

这种看待科学方法的特定方式肯定很自然，而且也变得非常受欢迎——尤其因为它与我们最珍视的一些政治信念完美吻合。许多人认为，现代科学的发展，以及我们从迷信的、更为一般的教条思维中取得的智性解放，都要归功于一种渐趋自由的政治秩序，它积极地鼓励人们对自然界展开抽象推测和无偏见的观察。然而，我们的科学研究和政治制度之间也可能存在更为密切的联系。有些人认为它们实际上展现了同样的方法论，并且可被视为同一个问题的两个方面。例如，波普尔明确地将科学方法与民主政府的运作进行了比较。他认为，我们通常难以提前知晓哪个政客或政党能够更好地管理国家，而把问题付诸投票肯定也无法保证选出最佳候选者。然而，民主制度的真正价值在于，人们在做了错误的决定并选出了错误的人后，很容易就能将其排除并选出另外的人，而不必经历意识形态的清洗、招募私人军队或者冲破路障等一系列恼人的过程。就像科学方法一样，民主制也不能保证它会在第一时间得出最好的结果——但它确实内置损害控制机制，这让我们能够做出调整、改造，并且希望以最小的代价实现改进。

　　于是，对波普尔来说，思考科学方法究竟如何运作不仅能够找出一套研究周遭世界的工具，还能揭示出一些我们自身以及社会的组织方式。这就是科学史和科学哲学的主题令人激动不已的原因。但这也让它变得危险，原因在于，尽管对科学实践的正确理解可帮助我们从令人惊讶和意想不到的角度阐明生活的其他方面，但对科学方法的错误理解却会对我们生活的诸多方面产生灾难性影响。比如，它可能会误导法律判决和社会政策的制定，并可能为有害的政治意识形态提供辩护，破坏我们的日常推理。这正是本书所关注的，世人对科学的种种误解。

法庭上的科学

"一个好的科学理论可能会出错"是个强大而有说服力的观点。你会发现，那些更加习惯抽象哲学思考的记者和政客往往会这么认为。当然，这个观点还意味着，如果你曾有过讲授科学哲学入门课程的复杂经历，你肯定会在本科生中找到可预测的规律。甚至科学家们自己也普遍接受以下观点——它来自那些从事前沿实验研究的人们，他们卷起袖口，嘴角叼着香烟，就好像在实在的基本结构之下修修补补一样。因此，这种观点无疑在很大程度上影响了大众对科学的理解。它甚至成了美国一些备受瞩目的案件的判决基础，这些判决关乎高中科学课程的讲授内容。

1981年，阿肯色州通过了第590号法案，它又被称作创世科学和进化科学的平衡法案。尽管措辞有些模糊且表述有些别扭，但其总体信息却非常明确：在阿肯色州的任何一所公立学校，老师给学生讲授生物复杂性如何逐渐从简单的源头进化而来的同时，也必须讲授生物复杂性是如何突然从自发创造过程中产生的。这个想法的要点在于，学生应该同时知晓这两种理论，以便他们独立得出自己的结论。第590号法案通过后不久，一个由当地社区宗教领袖组成的组织向阿肯色州教育委员会提出了诉讼，他们都主张完全不必拘泥于《圣经》的字面解释。[2]原告方以牧师威廉·麦克莱恩为领导，他是联合卫理公会的执行牧师，其中还包括主教、罗马天主教、长老会、非洲卫理公会教会的代表、犹太教成员以及一些相关的教师和家长等等。他们认为，第590号法案侵犯了他们的公民权利——除了众所周知的保护言论自由以外，美国宪法第一修正案还明确禁止任何打压或提倡某种宗教信仰的政府行为，有人认为，公立学校中讲授自发创造的内容乃是阿肯色州对基督教基要主义的明确认可。结合专家证人的证词和大量宣传，历经两个月的庭审后，他们的诉求最终得到威廉·R.奥弗顿法官的支持。

麦克莱恩诉阿肯色州乃创世论在美国法院系统中遭遇的第一次挑战，它也标志着美国科学与宗教之间漫长而不堪的冲突的重要转折。这个过程始于1925年，当时，约翰·斯科普斯因为在课堂上讲授进化论而被田纳西州起诉。所谓的"斯科普斯猴子审判"（又译斯科普斯审判或猴子审判）是一场媒体的狂欢，著名政客和演说家威廉·詹宁斯·布莱恩领衔起诉，著名律师克拉伦斯·达罗则负责应诉。斯科普斯被定罪并被处以罚金（尽管这个判决后来因为技术性细节而撤销）。类似的小冲突随之而来，尽管创世论者逐渐失势，但直到1968年，美国最高法院才最终推翻了禁止教授进化论的现行法规。就在这个档口，创世论者突然发现自己已处于守势，他们便转而开始在主流社会越发接受自然选择理论的情况下，为自己的观点寻求"平等对待"。第590号法案是将创世论保留在学校课程中的诸多尝试之一：这是个游击战的新时代，他们避免与正统科学直接对抗，而是试图从内部颠覆它。有人认为，如果科学方法确实致力于开放与批判探究的精神——而不仅仅是对自己珍视的观念的某种宣传——那它就应该对其他观点的讨论持欢迎态度。在一个相当精巧而聪明的策略中，创世论者认为，科学自己才会要求在学校课程中给予创世论平等的对待。

然而，我们旋即应该注意到，创世论的科学依据实际上与我们讨论的问题完全无关。无论它是否具备其他优点，创世论首先是一种宗教教义。就麦克莱恩诉阿肯色州案而言，有人指出，第590号法案并非简单地假定生物复杂性乃某种自发创造的行为，而是实际上提出了一种生命起源的详尽说明，其中的内容与《创世纪》中的记述完全一致，甚至从全球范围的洪灾的角度对地球的地质情况的解释也是如此。还有人指出，尽管自发创造并未就生物复杂性提供替代解释，但它一定不是唯一的解释。然而，590号法案并未包含佛教宇宙论、印度教转世的无限循环观念，或者任何美洲原住民的创世神话等相关内容。它也没有为下列观点寻求某种"平等对待"：生物体先是抵达了小行星的背面，然后在某种星际碰撞之后散落在了地球表面；或者，作为某种邪恶计划的一部分，矮小的绿色外星人一直在很远的地方指导人类的发展——毫无疑问，这个计划是与美国政府和其他令人生厌的组织相互勾结的产物。简而言之，590号法案仅仅旨在确保平等对待全部现有选项的想法透露出了十足的虚伪：实际上，它明显故意将某些宗教信仰摆在其他信仰之上，因此也恰当地被裁定为违反了第一修正案中明确表述的政教分离原则。

尽管如此，世人仅仅从作为一种良好的科学实践的角度认真对待创世论这种潜在观念，也被证明是一种严重挑衅。在一项进化论者后来会后悔的傲慢法案中，合理科学探究的合法定义在阿肯色州地方法院中得到了恰当的商讨。法案的专家证词有着大量可靠来源，其中包括来自加州大学欧文分校的进化生物学家弗朗西斯科·阿亚拉、美国地质调查局的地质学家G.布伦特·达尔林普尔、耶鲁的生物物理学家哈罗德·莫罗维茨、哈佛的进化生物学家和公共知识分子斯蒂芬·杰伊·古尔德以及来自安大略省圭尔夫大学的科学哲学家迈克尔·鲁斯等。奥弗顿法官在其总结中裁定：

> 虽然任何人都可以按照他们选择的任何方式自由地展开科学探究，但如果他们结论先行，并且不顾调查所得的证据而拒绝改变，那他们就无法恰当地称其所用的方法是科学的。[3]

换句话说，法官裁定好的科学理论是可以证明为错的——即一个好的科学理论是可证伪的。这就让大量关于世界本质的具体主张可以被证明为错，如果的确如此，理论就会被修正、完善或者彻底放弃，而有证据支持的替代解释则会得到拥护。这些特征对创世论都不适用。因此，奥弗顿法官和阿肯色州地方法院都认为创世论不是科学。

事情看上去很清楚。我们以科学的严格定义为起点，这个定义不仅直观，而且受到大众和科学共同体的广泛支持。该定义被用于评估创世论的科学依据，但惨遭失败。地球上的生物复杂性由自发创造的行为产生这一观点，并不在正当的科学探索所接受的主张之列。1987年，美国最高法院在回应路易斯安那州的类似挑战时，维持了麦克莱恩诉阿肯色州的判决，可证伪性白纸黑字写在书上。但不知为何，它并未带来些许改观。创世论并未消失，而且事实上还比以往任何时候都更强大，2004年，宾夕法尼亚州多佛地区的学校董事会通过一项法案，它要求"平等对待"进化论和某种唤作"智能设计论"的东西——后者乃改头换面的创世论，它被精心设计以满足人们对合法科学探究的现有法律理解。

究竟出了什么问题？为何我们对科学实践作为开放式批判探究的直观理解（且经由专家敲定并由法院严格应用），却在撤销伪科学教条的一个如此典型的例子上壮烈地失败了？当然，一种可能性在于，创世论实际上比我们一开始设想的更加科学，其持续存在就证明了，它实际上符合我们对于何谓好的科学理论的直觉信念。另一种可能仅仅在于，创世论者非常擅长重新包装，并且他们特别善于将自己的想法打扮成法律不适用的样子。很可能实际上二者皆有。但我试图提出第三种更加有趣的可能解释，即

　　　　　　　　　　　　　　　　　被误解的科学

我们对科学实践的直观理解存在根本缺陷，而且好的科学与可证伪性全然无关。

科学与伪科学

并不奇怪，可证伪性这个观念理应在麦克莱恩诉阿肯色州案中发挥主导性作用。卡尔·波普尔在思索和阐述这个观念的过程中——麦克莱恩诉阿肯色州案的专家证词自始至终都引用了波普尔的作品——明确提出，可证伪性为我们区别真正的科学实践（值得我们称颂）和伪科学教条（应被抛弃）提供了方法。它是个专门设计的标准，旨在清除那些声名狼藉的主张和毫无价值的理论，它们只能伪装成合法的经验探究。换言之，它是为我们量身打造的称手的工具。

波普尔思想发展的背景在这一点上能为我们提供线索。他成长于两次世界大战之间的维也纳，注定要经历极权主义政府的一些最严重的极端行为，同时也要经历现代科学最具开创性的成功经验。这些事件将对他产生深刻影响。然而，在他批判性地重估自己的政治追求的同时，波普尔也对爱因斯坦广义相对论的惊人确证感到震撼。1919年5月的日食期间，亚瑟·爱丁顿成功地观察到了引力场作用下的光线偏折。这个结果殊为惊人，它需要数月的精心准备，还要将大无畏的天文学团队带至非洲西海岸的一个小岛上，以便展开观察。这也是一场非比寻常的冒险——光线偏折是如此荒谬和震古烁今的预测，乃至科学界很多人都直接将其视为爱因斯坦整个方法之不切实际的证据。成功的结果占领了世界各地的新闻头版。爱丁顿将广义相对论置于最严苛的测试之中，而它也经受住了考验。

波普尔喜欢讨论的另一个广受欢迎的例子是精神分析——它是垃圾科学（如果真有这种科学的话）的范例——特别是西格蒙德·弗洛伊德和阿尔弗雷德·阿德勒的理论，他在维也纳已对这两种理论比较熟知了。波普尔认为，在二人的理论中，人类行为不可能与之不协调。如果某人没有按照他们的诊断行事，这不是因为他没有这样的条件，而只是因为他"拒绝"这样做。在其后来的作品中，波普尔明确提出了这个想法。他写道：

> 我可以用两种截然不同的人类行为作为例子来说明这一点：一个人将孩子推入水中想要将其溺死；而另一个人为了拯救孩子的生命而牺牲。这两种情况都可以用弗洛伊德和阿德勒的术语同样轻松地加以解释。根据弗洛伊德的说法，第一个人心情压抑（他身上的一些俄狄浦斯情节），而第二个人达到了升华。根据阿德勒的说法，第一个人饱受自卑感困扰（他可能需要向自己证明他敢于犯下某种罪行），第二个人亦是如此（他需要证明自己敢于拯救孩子）。我想不到任何无法用这两种理论解释的人类行为。正因为它们总是好用，总是得到确

证，推崇它们的人才会将这些例子作为支撑这些理论的最强有力的证据。我开始意识到，这种表面上的优势实际是其缺点。[4]

因此，波普尔对批判性测试的坚持似乎不仅能捕捉到开放式科学实践中令人称羡的方面，还突出了令人鄙夷的伪科学的欺骗特征。此外，它在哲学上也是令人满意的。波普尔的提议简单而具体。因此，这样一个框架理应在与创世论的法律纷争中占有一席之地，这并不奇怪。

虽然波普尔的观点极为深刻地影响了公众对科学的理解，但公平地讲，他并没有被当代哲学家认真对待。这种情况部分在于学术不可避免地追求时尚，另外还在于，波普尔无可匹敌的失去朋友和疏离同事的能力。对于一个主张开放心态和批判讨论之价值的哲学家而言，波普尔却臭名昭著地对任何批判自己的观点持敌对态度，并要求他自己的学生采纳绝对正统的观点。但波普尔对科学方法的描述也着实存在困难。强调可测试性和证伪原则是个极端直接而强大的想法，波普尔将其用到了很多不同的问题上。然而，科学实践的实际情况绝少如此直截了当，波普尔将其后期工作的大部分时间都用在了处理例外、异常和反例等所有困扰这个简练说法的问题上。与所有简单的想法一样，细节决定成败。

寻找海王星

　　我们首先必须注意，上述证伪原则的解释当然是一种简化。科学理论很少——如果有的话——在证伪示例中起决定性的作用。原因在于，我们从不单独测试科学理论，而是将其作为更大的理论网络之组成部分而加以测试。科学理论所做的众多预测，都以其他理论的预测为先决条件，又或者，这些预测需要进一步的科学研究才能恰当地加以评估。例如，假设我们试图测试行星运动的特定理论，并且，我们预测在特定时刻的特定太空区域可以发现特定的天体。在这种情况下，我们必须做的一个重要假设是排除其他让问题复杂化的因素，比如游荡的小行星的引力作用，或者地球表面发生足以改变自身正常轨道的灾难性事件。我们当然有充分的理由认为这些可能性事件并不会发生，但重点在于，我们经常不得不依赖测试以外的科学理论来做出预测。因此，在这个例子中，我们对特定行星未来位置的预测实际上会同时成为对行星理论和天体地质学这两种理论的检验，因为任何一个理论的错误都会产生不正确的预测。

　　为了对预测做出真正的验证，仅仅仰望苍穹是不够的，我们讨论的行星可能因为距离太远而只能借助复杂的设备进行观测，如果要

　　　　　　　　　　　　　　　　被误解的科学

对科学理论展开严格测试的话，我们至少需要精确测量。因此，为了验证我们的预测，我们可能会使用高功率望远镜或其他办法检测电磁辐射，而这些设备本身也是在异常复杂的科学理论的整体背景中建造的。当然，我们可能有无数个充分的理由认为科学设备是可靠的，但必须注意的是，我们无法观测到运动行星的预定位置，其原因可能在于仪器未正确校准，或者发生故障和遭到损坏。事实证明，我们对特定行星未来位置的预测，实际上同时成了对行星理论和天体地质学的检验，此外，关于我们讨论的行星初始条件的特定假设，以及任何其他并未明确表达的干扰因素，比如光学、电磁波传播和人眼生理学等相关理论也会一并得到检验。

此处的问题不仅仅关乎实践——当然，科学是一项复杂而凌乱的事业，涉及大量不断变化的部分。问题在于，这种更大的复杂性究竟是如何对单个科学理论的测试及其潜在证伪性产生影响的。我们预测一颗运动行星的位置，但未能在合适的时间观察到它，这显然是出了问题。但问题究竟出在何处？是我们的行星运动理论错了？或者是因为我们没有考虑到的一些外部因素？还是因为我们的望远镜出了故障？也许，单独留在天文台的研究生睡过头了，或者他因为观看最喜欢的尚格·云顿的电影而走了神？不幸的是，失败的预测本身并不能告诉我们，究竟庞大的理论之网的哪一部分出了问题，因此，我们永远也无法确定被证伪的到底是行星运动理论，还是我们用以给出最初预测的众多别的理论。简而言之，科学理论的证伪远非仅仅关乎理论和预测的逻辑关系。鉴于科学理论之间的复杂关联，以及实际上任何预测都必须做出的额外背景假设，并不存在用于确定我们的理论网络哪一部分为误的简单算法。相反，我们总是需要在如何解释此类实验结果方面做出决断。

然而，一旦承认科学家必须在如何准确地解释实验结果方面做出选择这个事实，我们一开始的简单图景便开始坍塌。我们必须询问这些决定是如何做出的，以及它们是否会将个人偏好或偏见等因素带入科学过程等等。至少，我们已经走出了波普尔那无情的逻辑框架。此外，这种方法实际上已取得一些惊人的成功。这方面最好的例子是海王星的发现。19世纪早期，人们注意到牛顿力学未能准确预测天王星的轨迹，认为它是太阳系的最外层行星。世人为这个事实提出了诸多可能的解释，从不准确的望远镜到不够格的天文学家等不一而足，却无人认为牛顿力学已被证伪，并应该将其抛弃。该理论根深蒂固，因此需要认真对待。更确切地说，人们最终提出，天王星以外必然还存在一个神秘行星，其引力足以导致可观察到的扰动。如此的建议显然是特设的，因为所有人假设这颗额外行

被误解的科学

星存在的唯一原因在于，牛顿力学无法准确预测天王星轨道这个事实。尽管如此，一场旨在确定这颗神秘行星位置的绝望竞赛还是开始了，1846年9月，激烈的优先权之争也适时地在英国和法国数学家之间爆发，焦点在于谁首先计算出了这颗行星的位置（最终法国获胜）。

因此，证伪一个科学理论比我们原先想象的复杂得多。因为只是在理论群组中展开测试，所以我们难以确定哪个理论正在经历哪个特定实验的测试。更重要的是，即便我们有一个看似直截了当的证伪案例，照其行事却并不总是好的科学实践。或许，最好的科学实践是忽视证伪原则，进而尝试在相反证据面前找到保存科学理论的办法。这让我们陷入了困境，如果好的科学实践有时会无视某个证伪的实验，或者它会修正我们的理论以适应反面证据，那么，好的科学实践与我们开篇提到的阴谋论究竟有何区别？我声称登陆月球是在1969年伪造的，它大概是为了提高尼克松的连任机会。当你指出哈勃望远镜可观察到月球上的着陆点时，我回应说照片已被修改以维持骗局。对于在19世纪从事研究的天文学家而言，天王星轨道之外似乎不太可能存在一个全新的、从未被发现的行星。

图1.1 "亚当斯先生在勒韦里耶先生的工作中发现了新的行星"（*M. Adams découvrant la nouvelle planète dans le rapport de M. Leverrier*），作者卡姆（Amedee Charles Henri de Noe），摘自*L' Illustration* (November 1846)。

图1.1：英国天文学家在其法国竞争对手的计算中发现了海王星。尽管，这明显是在揶揄失败的英国人，但这幅漫画却在无意中为世人看待这个事件提出了重要视角。海王星并非是通过观察夜空被发现的，而是经由仔细的数学计算发现的。英国天文学家的想法是对的。

　　当然，最后这一切都归于程度问题。如果19世纪的天文学家一直未能观察到海王星，他们可能会对自己的理论做出别的调整。比如说，他们可能会怪懒惰的研究生助手或不够精确的望远镜；他们可能会认为还有另一颗未被发现的行星位于海王星轨道

　　　　　　　　　　　　　　　被误解的科学

之外，前者的引力足以让后者偏离预定轨道。如果这些调整都无法得出正确的结果，我们可以往这个混乱图景中再引入第二颗行星。我们似乎有理由认为天文学家最终会在某个节点上承认失败，进而完全放弃牛顿力学。相形之下，坚定的阴谋论者则会继续编造越发复杂的欺骗之网直到永远。毕竟，尼克松的邪恶是没有限度的。这与理论本身无涉，而与支持理论的众多个体相关。牛顿力学并无半点规定说，你只能预设一颗或两颗行星，否则就需将这个理论整个抛弃——如果必要，你尽可以继续调整理论，只要你愿意。当我们了解到相关技术细节后，牛顿力学最终与任何阴谋论一样不可证伪。

重新审视科学和伪科学

我们从本章开始就认为，一个好的科学理论是可证伪的。仔细研究之后的结果表明，任何科学理论都能在任何相反的证据面前保存下来——当然，前提是我们愿意在信念体系的其他地方做出必要的调整。在这个意义上，力等于质量乘以加速度的主张与尼克松伪造月球登陆的主张之间不存在任何区别。它们之间的重要差别在于，尽管任何科学理论都可以在反驳面前永远不倒，但总有一个节点让科学界最终放弃相关理论。这个事实仅与科学界及其理论态度相关，它与理论本身的性质无关。

不幸的是，这种将科学理论的可证伪性与相信它们的科学家的开放心态混为一谈的倾向十分普遍。这明显是麦克莱恩诉阿肯色州案犯下的错误。正如他的总结中记载的那样，奥弗顿法官裁定，任何在反面证据面前拒绝修改结论的人都不能称其方法为科学的。但这实际上并未告诉我们任何有关科学理论的信息。事情很可能在于，创世论者在修改自己珍视的世界观时显得特别顽固。但那是创世论者的错，而非创世论的错。重要的问题是，生命起源于约6000年前的自发创造这一观点是否可接受经验反驳，而不是其拥护者实际上将这种观点置于所需测试之下的程度。毕竟，如果量子力学前沿问题的研究者在相互冲突的实验面前明显不愿修正自己珍视的假设，那么我们可能会对他缺乏开放心态感到遗憾，但并不会因此将量子力学本身作为一个不科学的事业而加以拒绝。

这一点很重要，因为一旦澄清了世人对理论与理论家所作的刻意混淆，我们就会发现，创世论实际上满足了麦克莱恩诉阿肯色州案中对科学的刻画。为了论证的方便，我们假定自发创造论所描述的生命起源故事带有明显缺陷，它无法与化石记录完好吻合，也无法为当今世界所见的生物复杂性提供令人满意的全方位解释。尽管存在诸多缺陷，但无一表明创世科学是不可证伪的。相反，创世科学对地球

　　　　　　　　　　　　　被误解的科学

年龄、全球范围洪水的地质影响，以及动物王国中（至少与随机变异和自然选择过程的预期差不多）所见的相对有限的变异等问题，提出了诸多具体且高度可测的主张。创世科学的问题不在于它看上去不可证伪，而在于它一再被证伪，预言也尚未被证实。但这并不意味着创世科学是伪科学的无稽之谈。事实上恰好相反。如果真正的科学的唯一标准在于理论的可证伪性，那么，我们似乎必须得出结论说，事实上已经被证伪的理论都在最大程度上接近真正的科学。尽管相反的信念广泛存在，但麦克莱恩诉阿肯色州案的推论——如果严格应用的话——实际上会让创世论的科学地位合法化。

在一定程度上，所有这些都让局面发生了令人不安的转折。然而，波普尔终其一生都坚持认为，进化论实际上是不可证伪的，这个事实让情况越发复杂起来。他经常抱怨这个理论是同义反复的，并且任何证据都可证明与之相符。正如波普尔所言：

> 实际上，"现存物种是适应其环境的"这种说法几乎就是同义反复。事实上，我们对"适应"和"选择"等术语的使用方式意味着，如果物种不适应环境，就会被自然选择淘汰。[5]

例如，我们可以假设进化论通过持续的变异过程和环境压力，预测了持续增加的生物种类，这样我们可以合理地期待，越来越多的物种会随时间的推进而出现。或者，我们可以假设进化论预测了，生物体中出现的任何复杂性都为其在环境中生存提供了优势。但实际上，这些描述都不属实。如果我们讨论的环境特别严峻——例如在非常有限的范围内为食物和栖息地展开的严酷斗争——很可能仅有少数不同的生存策略行得通，因而，存活下来的物种之间并无巨大差异。另一方面，如果我们所讨论的环境特别有利——资源丰富且掠食者有限——那么，在没有任何真正的压力的情况下，无用的适应性便可能大量出现。简而言之，在环境适宜的情况下，几乎任何可能性都与自然选择机制相容。

在其职业生涯后期，波普尔的确捍卫了自己的立场。他承认，进化论的许多理论基础——例如，描述遗传物质突变、重组和遗传的理论——是能够进行严格测试且可证伪的合法科学理论。然而，波普尔继续坚持认为，经由自然选择得以阐述的更广泛的理论框架则是无法测试的假设，因此无法被视为生物复杂性的真正科学解释。

重回法庭

2006年，科学和宗教在宾夕法尼亚州地方法院再次相逢。这次的原告是一群忧虑的父母，领头者是塔米·基茨米勒，他们的案子是关于多佛地区学校董事会提出的"平等对待"进化生物学和智能设计论的建议——家长们确信所有校董事会成员一定都不是愤世嫉俗者，也并非肤浅地要重新包装创世论，但某些情况已完全不同。校董事会的伎俩没有唬住人，法官约翰·E.琼斯三世没花多少时间便支持了家长们的诉求，他判决智能设计论仍然是一种直截了当的宗教教义，将其包含在高中课程中显然违反了第一修正案的政教分离原则。然而，就像麦克莱恩诉阿肯色州的情况一样，智能设计论的科学依据在判决中占据了突出地位。而基茨米勒诉多佛的案件则对科学提出了十分不同的定义。

专家证词再一次来得很高大上，本案中的专家们有来自布朗大学的生物学家肯尼斯·R.米勒，乔治城大学的神学家约翰·霍特，密歇根州立大学的科学哲学家罗伯特·T.彭诺克，东南路易斯安那大学的哲学家芭芭拉·福利斯特等人。他们整个抛弃了可证伪性概念，从而便于描述更大范围的科学实践。一般而言，好的科学实践致力于方法论上的自然主义原则——它主张世界受自然过程的支配，而好的科学理论不能诉诸奇迹或其他超自然力量来解释世界的运作方式。琼斯法官在其裁决中对此总结道：

> 对相关记录和可适用的判例法严格审查后，我们发现，虽然智能设计的论证可能属实（本院对此不采取任何立场），但智能设计理论却并非科学……专家证词表明，自16-17世纪的科学革命以来，科学

一直都仅仅致力于寻找自然现象发生的自然原因。[6]

很明显，智能设计论用超自然力量作为自发创造之原因的做法违背了方法论的自然主义原则。因此，琼斯法官和宾夕法尼亚州地方法院认为，它不是科学。

从前述讨论中，我们可以清楚地看到人们拒绝用可证伪观念区分科学和伪科学的原因。尽管如此，我们仍可以公平地说，基茨米勒诉多佛案的推断过程如果继续考虑这些因素，则会好得多。好的科学理论仅用自然原因解释自然现象这种观念乍一看还挺合理，直到我们意识到，只有基于科学理论才谈得上对自然原因的观念有了起码的理解后，情况就不一样了。让我们换个方式阐述这个问题。我们都同意，科学理论用鬼魂或精怪解释地球为何围绕太阳转，或者磁铁为何会吸铁或者其他类似的事情是不合法的。但我们拒绝鬼魂或精怪作为其背后机制的原因在于，最好的科学理论告诉我们它们不存在。科学本身决定了什么可被算作"自然原因"或"自然现象"。因此，"超自然"不过意味着超出了科学研究的范畴。但既然如此，好的科学理论仅仅诉诸自然原因的说法不过意味着，好的科学理论仅仅诉诸科学本身所谈论的内容。因此，方法论的自然主义的观念是毫无意义的——它以最糟糕的方式诉诸不可证伪性，它不过是说好的科学必须恰好是科学的。

这个事态着实令人震惊。科学与宗教的法律争端始于科学的定义，这个定义旨在诋毁创世论，但实际上却质疑了进化论的科学证据。然而，由于麦克莱恩诉阿肯色州案中的人们似乎都不理解自己说了些什么，因此，错误的标准刚好遭到误用，从而达到了所需的结果。创世论在改头换面的同时，也提出了一个经过修正的科学定义，但它不仅全无意义，而且结果还与原来的定义一样，体现出一开始就该补救的智性欺瞒。如果对科学的此番推论构成了广泛法律决策的基础，那么，我们一开始很可能想知道，究竟如何区分"真正的科学探究"和"伪科学教条"。

但此处也存在一个更深层次的问题，即想要从课堂上清除创世论或智能设计理论只是事情的一方面。我们有很多充足的理由选择渐进的进化理论作为生物复杂性的解释，并将其作为持续研究的框架。举个非常简单的例子，我们并不清楚创世论会提出何种研究计划，也不清楚它可能采取何种实验。至少就进化论而言，我们有个潜在的机制解释事物的运作方式，我们也能尝试用它研究世界，并努力改进它。研究DNA及类似的东西可帮助我们治愈疾病。但如果世上所有的东西都被一个全能神按照这种方式塑造，那我们就不清楚应该如何努力改善自身的命运（或者即便我们应该如此）。请注意，这一切都不取决于创世论或进化论是否为真。这是一个支持进化论的实用论据，因为它为未来的研究提供了一个更有用的框架。这是为课堂上讲授进化论做出的论证，即便最坚定的创世论者也会接受。

但不管怎样，这不该是立法解决的问题。它应该是交由讨论和辩论解决的思想市场问题。同样，这也并非建立在小政府或国家干预最小化等政治依附之上的论据。它是个实际的论证，即承认消除一个坏观念的最好办法就是按其自身的方式接纳它，并对其进行严格的审查——因为一旦人自下而上地推动一个观念，它只会越发受欢迎。然而，通过寻求科学的法律定义，别的观点就可以合法地被驳回，这就是我们正在做的事情。因此，毫不奇怪，创世论在麦克莱恩诉阿肯色州的裁决中是以这种方式被驳回的，而基茨米勒诉多佛校董案中提出的修改后的定义就其目的而言尽管十分明显，但也被驳回了。根据其定义，这个立场主张，对上帝的信仰并非科学，因此人们的意见并不重要。因此，整个辩论都只关乎政治，双方都包含创世论的支持者，也包括了那些试图将其完全排除出公共领域的人。

　　尽管如此，我还是相信，我们可从这场惨败中汲取两个重要教训。它们并非特别鼓舞人心的教训，但仍有其重要性。首先，简单地说，科学方法既复杂又十分晦涩。法院经由立法确定的各种定义——科学理论是可证伪的，科学理论是自然主义的等等——着实糟透了。这些定义并不能与众多好的科学实践范例若合符节，它们常常令糟糕的科学实践范例合法化，至少就方法论的自然主义而言，它几乎不具备任何知识内容。而且，这些定义是由一些实践科学家们提出的。因此，我们应该对任何声称自己确定了科学方法之基本要素的人保持警惕，并对这些主张严加审查。

　　　　　　　　　　　　　　　　　　被误解的科学

第二个教训在于，我们很容易将人们心中好的科学实践与政治上可取的结果混为一谈。科学在我们的生活中发挥着巨大作用，并且越来越多地成为我们社会和政治交往中的仲裁者。毕竟，没有比抨击对手的观点为"非科学的"更能令他们闭嘴的办法了。然而，这个问题又因为上一个问题而加剧，而且似乎无人从一开始就知道"科学"究竟意味着什么。科学通常被认为是保持理性或者提供合理论据的简要表达——但如此一来，人们心中好的科学实践与政治上更为可取的结果就容易混为一谈了，因为所有人的政治观点都带有他们所认为的合理性。以这种方式，政治的马车往往驾驭了科学之马，而且经常带来不幸的后果。尽管波普尔的方法还有诸多不足之处，但他对开放的科学探究精神与民主政府原则的比较却很有说服力。只是我们似乎并未从这个教训中学到什么。

第二章

试错

我想告诉你关于科学方法的另一个故事。如果你对此有所耳闻，我便就此打住。

故事发生在1591年夏天一个阳光明媚的早晨。此时的大学城比萨宁静如常，但大教堂外面著名的斜塔阴影下已是人满为患。气氛逐渐活跃，甚至有点像过节，众人充满期待地相互交谈，无人照看的小孩在人群中追逐打闹。许多人早早到来，为的是占据有利位置；其他人则挤在后面，或饮酒作乐，或下注打赌。突然，人群忽地安静下来。不远处的大学里来了一行人——他们是一群衣着不合时宜的学者和脸色难看的牧师，紧随其后的则是他们的助手寺僧和研究生们。他们来到了斜塔脚下。学院中一些最杰出的成员之间爆发了激烈的争论，它最终演变为一场全面的争论。其间，双方恶言相向，张牙舞爪。广场上的人群也相互推搡，学生们则三五成群地加入激烈对立的阵营。最终，妥协达成，复归平静。现在，所有的目光都转回了塔楼。人群中走出一个人，随身携带的两个巨大而不成比例的铁球让他步履维艰，接着，他开始沿着296级楼梯攀登到顶部。

此人就是伽利略·伽利雷，他在25岁时已被任命为这所大学的数学教授，并迅速为自己建立了"科学界的可怕顽童"的名声。按照亚里士多德的权威说法，自然界中的一切都自有其安息之所，就像火焰向上燃烧以重新进入天堂一样，物质也有回归地球中心的天生欲望。物质的量越大，它的这种欲望越强烈，因此，当两个物体从高处落下时，较重者理所当然比较轻者下降更快。这在当时乃无可争辩的科学共识，如果你问在托斯卡纳那个明媚的早晨聚集的众多专家中的任何一位，他们都很乐意向你讲述自己常常翻阅的亚里士多德的《物理学》（*Physics*）中展示运动原理的相关段落，这个原理主宰了欧洲思想将近2000年。但伽利略并不同意这种说法。他声称不同重量的物体实际上会以相同的速度下落。这个主张简直不可想象——甚至教会都会赞同亚里士多德所说的真理！最终，伽利略再次出现在了那个标志性的塔楼顶部。他将两个重量不等的铁球并排放在栏杆上，然后将它们轻轻地从栏杆边缘推下。人群屏息以待，没有人敢眨眼。随着一声巨响，两个铁球同时撞向地面。人群沸腾了，学生们欣喜若狂，年长的学者们摇着头表示难以置信，一些神职人员面面相觑、惊恐万分。伽利略旋即被宗教裁判所逮捕并投入地牢。他饱受折磨，并最终放弃了自己的异端邪说。但局面并未因此而改变。真理胜出，现代科学诞生了。

现代科学的基础神话的发展脉络大致如此，我们所有人都会在学校里学到它，然后教给自己的孩子。这是个好故事，但实际上，其吸引人的主要之处在于，它成功地将我们认作是科学方法之核心的所有要素囊括在内——比如对公认智慧的挑战，实验的重要性，以及细致观察最终战胜权威的盲目灌输等等。这个故事提供了科学与宗教之间看似经久不息的冲突的详细缩影，为我们

　　　　　　　　　　　　　　　　　　被误解的科学

心中遭到孤立，且与保持现状的势力作斗争的科学天才的流行形象树立起了不可磨灭的典范。简单地说，这是科学史上最重要的实验之一。

问题在于，这个实验从未发生过。

我们的怀疑或许来自这样一个事实，即伽利略本人在这段时期的大量笔记和信件中从未提到过这个实验。他的同代人也未提及此事，对于这样重要且具有划时代意义的实验——根据各种说法，它还是个著名的公共事件——当时却没有人注意到它曾发生过。伽利略在比萨停留期间也并无任何争议记录，而此时距离他最终与教会决裂还有40年之久。我们也完全不清楚，伽利略是否在比萨期间就已经完全阐述了自己对亚里士多德运动理论的反对意见，更不用说设计并实施那次归功于他的著名反驳实验了。实际上，这次实验最早的文字引述出现在1654年——60多年之后——其来源是伽利略的朋友和学生文森佐·维维安尼在其过世几年后所写的过于英雄主义的传记。整个事件看起来不过是一场文学的浪漫想象，它在一定程度上成了个自圆其说的故事，进而成为科学宣传中最成功的案例之一。

但实际情况比我们最初看到的更令人担忧。事实上，尽管伽利略从未开展过他那最著名的实验，但他的同时代人却从比萨斜塔顶部放下了铁球，并且刚好得到了相反的结果！1612年，比萨大学的另一位教授乔治·科西西奥开展了这项实验，但并非旨在支持伽利略的猜想，而是为了证实重物下降更快的传统观念。科西西奥对自己的竞争对手雅各布·马佐尼（比萨大学的语言学和文学批评教授）的工作提出了控诉，后者也找到机会批判了亚里士多德的运动理论，科西西奥写道：

马佐尼再次提出了两个重要的新错误。首先，他否认了实验中的一个问题，即使用同一种材料的话，整体的移动快过部分。这个错误产生的原因也许在于他在自家窗户边做的这个实验，并且窗户很低，于是他手上的所有重物都以同样的速度下降。但我们是在比萨的大教堂顶部做的这个实验，想要实地测试亚里士多德的说法，即对同一种材料的物品而言，若整体与部分成指数比，则前者下降更快。实际上，这个斜塔也适合做实验，因为如果有风，结果就会因为风的推力而有所不同，但斜塔不存在这样的风险。在《论天》（De Caelo）卷一中，亚里士多德确认了这个说法，即相同材料的更大物体比较小者移动得更快，并且随着重量的成比例增加，速度也会成比例增加。[7]

更有趣的是，数年后的1641年，伽利略自己的一位学生文森佐·雷涅里——也从比萨斜塔顶部推下了铁球，并且还写信给以前的这位导师寻求帮助，进而解释实验结果：

被误解的科学

我们曾在这里做过不同重量、不同成分（木头和铅）但大小相同的两个物体从同一高度下落的实验；某位耶稣会士写道，它们同时下落，并且以相同的速度到达地面……但最终，我们发现事实刚好相反，因为从大教堂的钟楼顶部做这个实验时，铅球和木球下降过程中的距离至少相差3腕尺。我们还用两个铅球（一个为炮弹大小，一个为枪弹大小）做了这个实验，据观察，较大的铅球和较小的铅球从钟楼高度下降的过程中，较大者会比较小者快一整个手掌的距离。[8]

值得注意的是，雷涅里忘记提到伽利略本应该在50年前也曾做过同样的实验。同样值得注意的是，就像此前的科西西奥一样，雷涅里也未能得到预期的结果。对于一项据称能够具有无偏见观察之美德，并且信任我们感官证据的实验而言，这个简单故事似乎还有更多超出了我们最初印象的内容尚待展开。

眼见为实

实际上，绝无任何证据表明，伽利略曾开展过他那最为著名的实验。他当然也从来没有亲口提到过此事，他最亲密的朋友以及最愤怒的反对者们似乎都没有意识到曾发生过这样的事情。但即便我们抛开这些不谈，事实上，这个故事以及我们现代科学的整个基础神话也都面临着更大的困难。伽利略传记中描述的实验压根儿就是不可能的，它根本不可能按照书中描述的方式发生。尽管伽利略肯定是对的，即不同重量的不同物体会因重力而产生完全相同的加速度，但这并不一定意味着它们会以相同的速率下降，因为我们现在知道，空气阻力也会对物体的下降造成明显不同的影响。简单来说，下落的物体越轻，它遭受的空气阻力也越大（与其质量成比例），因此，风阻对其整体速度的影响就越大。实际上，我请读者也亲自做一下这个实验。去往比萨，从塔楼顶部推下一些重物。你可能会害死一些游客，而在引起混乱并经受法律程序过后，你会发现自己面临科西西奥和雷涅里当年同样的问题。更重的炮弹会先抵达地面，当然不会快很多，肯定不会是伽利略时期一些支持亚里士多德的人所主张的那种程度。然而，较重的炮弹的确会先落地。于是，追溯托斯卡纳那个阳光明媚的早晨就显得很讽刺，而非什么自豪的事情了，正是我们现代的力学理论证明了维维安尼的故事是一种捏造。如果比萨钟楼下的确聚集过一群人，他们所见证的一定是亚里士多德正统理论得到了验证。

　　然而，这并不意味着这个事件无法教给我们观察、实验的方法，以及科学方法内在的运行机制。这个故事理应证明了良好的科学实践在于开展实验和直接观察结果，即试错的过程，正如以前的老式教科书上写的那样。但仔细分析之后，我们就会发现，观察并非一个直截了当的过程。从高处放下铁球后，我们对力学的现代理

　　　　　　　　　　　　　　　　　被误解的科学

解会教导说，观察到的两个物体正在经历同样的加速度，但空气阻力造成的影响却让它们最终的速度有所不同。但当科西西奥从比萨斜塔顶部推下铁球的时候，他只是观察到了传统的亚里士多德世界观中的真相，因为，毕竟这两个物体坠落的速度有所不同。而对于可怜的雷涅里——仍在努力完成这两种科学世界观之间的转变——我们就不清楚他看到的是何种情形了。这也解释了，如果伽利略早在1591年就从钟楼放下铁球，则几乎一定会被认为是一次重大失败。当然，与观察本身相关的任何因素都无法对此事做出裁决。瞧！重球先落地！对于聚集在广场的人群而言，整个事件会被视为再次证实了亚里士多德和盛行的科学认识。伽利略原本会被嘲笑声轰下台，他本来会被遗忘，并且永远成为历史的注脚。[9]

那么，关键并不在于伽利略错了，也不在于我们现代的力学理论错了。简单来讲，任何观察都需要解释，亚里士多德在自身的科学框架中能够解释这些结果，就像当代任何科学家所能做到的一样。这可能是这个故事带给我们的真正教训。我们的科学理论可以通过多种方式影响我们的观察。一个明显的例子是，我们必须依靠科学理论来协助设计测试实验。开展实验是件苦差事，因为我们需要将想研究的特定现象与其周围发生的一切隔绝开来。我们必须消除任何可能干扰实验的外在因素，否则实验结果就会受影响。科西西奥和雷涅里决定从比萨斜塔顶部开展实验的一个原因在于，他们认为这样做能控制其竞争对手未能控制的另外两个重要变量：一是两个铁球下落的距离足够长；二是此处不存在影响铁球下降的交叉风或者侧风。但人们显然需要一些背景性的理论知识才能意识到这一点。因为，除非已经有理由相信，两个铁球的速度差异只有在足够长的下降时间里才会出现，否则与在餐桌上开展这个实验相比，他们实在找不出更多的理由去斜塔顶部做这个实验。

我们还需要依靠科学理论帮助我们区分实验结果。任何一个实验都会产生大量数据，其中大部分与我们关心的问题无关。当我们从比萨斜塔放下铁球时，我们感兴趣的是它们需要多长时间才能到达地面。因此，我们要密切关注铁球的重量以及它们下落的时间等因素，反而会忽略伽利略当时在斜塔一侧放下铁球时的衣着颜色，或者铁球下落时人群的反应。但所有这些细节与其他诸多细节一样，都是实验的组成部分。这些因素全都只是背景问题，如果我们有兴趣测试别的科学理论，比如，对科学家的时尚感，或者戏剧性的演示对公众观看科学的重要性的社会学调查等，我们可能会重新界定什么是重要之事。简而言之，我们经常不得不依靠科学理论来帮助确定，哪些观察结果值得一开始就为之努力。

最后，我们甚至有一种感觉，即作为背景知识的科学理论实际上有助于确定我们观察的内容。当然，不同的期望也会对我们看到的东西产生重要影响，这个事实可以被任何常见的视错觉或魔术所利用。但是，在更加基础的层面，似乎任何观察行为都必须在某种框架内才能获得意义。将观察视为某种纯粹的被动行为当然是诱人的，一旦把研究对象分离出来，并且为所有其他可能影响实验的因素做出必要的规定，我们所要做的就是睁大眼静候结果的出现。但是，我们还是要花点时间考虑一下与这一切真正相关的事项。如果缺乏某种方式来组织和建构这些信息，我们的感官所接受的就只是一连串颜色和声音。正如伟大的美国哲学家和心理学之父威廉·詹姆斯曾说的那样，世界不过是"一片广袤而嘈杂的混沌"，而绝非那种能够证实或反驳某个细致科学实验的东西。[10]

　　因此，我们要真正观察周遭正在发生的事情，就必须将它们置于背景之中，并将其概念化。就我们的科学实验而言，这意味着我们的观察对象必须纳入某种理论框架之中。它们必须被看成某种东西——一个下落的物体，一团加速的物质，一种受阻的自然运动。仅仅从高塔顶部放下铁球，并全神贯注地观察其运动是不够的，除非这些运动被理解为物体以更快或更慢的速度朝向地球坠落，否则整个事件甚至都无法被算作有意义的观察。于是，问题就在于充实此种解释的不同方式了。对亚里士多德而言，物体是随重量增加而下降更快的东西。对伽利略而言，物体是受力的加速度作用而运动的东西。如果同时出现在1591年的钟楼旁，他们眼中的景象真的会大异其趣。

对科学革命的反思

设想科学只是从更为细致的观察中取得进步，这是某种粗略的简化。无论你如何细致地设置实验——无论你如何仔细地观察结果——任何观察都必须得到解释，而你给出的解释则会对结果产生巨大影响。然而，这并不是说科学是一种非理性的活动，或者理性论辩永远不可能。科学家们可以改变主意，并采纳不同的理论框架。对相同的数据采取不同的解释，进而权衡这些解释的各种利弊总是可能的。尽管我们无论从亚里士多德还是伽利略的角度都能同样好地理解下落的铁球，但这并不意味着人们可以永远坚持某一种解释。亚里士多德的运动理论在现代已不具备强大竞争力的原因之一在于，我们可在远远超出16世纪的范围中开展实验，我们无须从塔楼顶部放下铁球，因为我们可以进入外太空，并且尽情地放下各类重物。在空气阻力可忽略不计的月球表面，不同质量的物体的确会以相同的运动速度下落，我们能看到锤子和羽毛（缓慢地）以完全一致的速度落下。正如我们在前一章所见，从技术上讲，总有些办法可使人在反面证据面前保存某种理论，但最终，即便最忠诚的亚里士多德主义者也不得不承认失败。

这一切的确表明，科学实验的结果往往涉及一系列复杂的谈判。这种谈判试图找到能够最好地解释实验数据的理论，而这种理论也适用于我们所相信的其他一切情况。在很多情况下，证明某个

被误解的科学

特定解释的合理性差不多就是证明某个全新而意想不到的结果。因此，当维维安尼写作伽利略和比萨斜塔的故事时，他不是为了错误地记录一件从未发生的事情，更不是旨在通过激动人心的逸事来为传记增添趣味。相反，这是为新的科学世界观提供支持的持续不断的尝试，同时也是让伽利略的解释更加合理的策略。这种做法奏效了。这也是这个故事如今仍能引发共鸣的原因，尽管它存在明显的历史错误。有时候，我们经由细致的科学实验来取得科学进步，但另一些时候，为大家讲述一个精彩的好故事也同样重要。

世人对讲述好故事的强调也有助于我们理解整个事件得以发生的更大背景。1543年，一位名叫尼古拉斯·哥白尼的波兰数学家和天文学家出版了一本名为《天体运行论》（*De Revolutionibus Orbium Caelestium*）——又名《天球运行论》（*On the Revolutions of the Celestial Spheres*）——的书，他在书中认为地球围绕太阳旋转。这与亚里士多德之后盛行的正统观念正相反，后者认为地球静止地位于宇宙中心，而太阳和其他所有一切都绕其旋转。多年来，这个天文模型被反复阐述，进而发展成了一个具备巨大预测能力的高度复杂的系统。这个系统名为托勒密体系，它得名于为建立这个框架而做出巨大贡献的2世纪希腊天文学家托勒密。不要误会，它是个非常好的系统，历经1400年的改进，它为导航、历法改革以及天文学相关的所有其他重要任务提供了非常有效的工具。但它并不完美，世人多年来提出了众多有关它该如何改进的建议。哥白尼不是第一个提出太阳应该被调至宇宙中心，且声称地球处在运动状态的人，但他是第一个以足够的数学细节来表达这个想法并引起严肃关注的人。一千年来头一遭，对于同样的天文学数据出现了两种可信的解释，伽利略发现自己已深陷这场激烈的斗争之中。

我们可以从托勒密和哥白尼的理论能够预测完全相同的现象这个事实看出，他们之间的冲突关乎解释而非实验研究。两个系统都经过了明显的设计，以适应现有的天文数据。没有任何科学实验——甚至从原则上看也是如此——能区分它们，这个问题最终归结为数学上的优雅程度。在托勒密体系中，每个天体都放置在以地球为中心的一系列同心轨道上，一环套一环。那些旋转最快的天体被放置在离地球最近的地方，距离最近的是大约28天绕地球一周的月球，向外依次为水星、金星和太阳，太阳大约需365天才能绕地球一周。再往外则是当时人们所谓的外行星（outer planets），火星、木星和土星，土星似乎每29年才能绕地球一周。然而，在这幅和谐的图景中存在一些问题。这些行星中的任何一颗实际绕地球一周的时间可能存在很大差异。此外，它们的运动似乎也谈不上一致。行星在其轨道的某些位置可能会加速，其表现就是有时候会急速划过夜空，而其他时候则安静地在轨道上缓行。它们与地球的视距（apparent distance）也会随时间而发生巨大变化，一些行星在其轨道的某些位置可能会变大，在所谓正圆轨道的前提下，所有这些在一定程度上都难以解释。最糟糕的是，一些行

　　　　　　　　　　　　　　被误解的科学

星甚至可能在其轨道上短暂地向后运动——这种现象被称为逆行（retrogression）——这着实令人不安。

因此，托勒密学派的天文学家们在其系统中引入了众多巧妙的技术设置，以便适应这些明显的不一致。轨道可以移动，如此，一个异常的行星就可以绕那些偏离宇宙其他地方的点做正圆运动。这就是偏心轨道（eccentric orbit），它旨在确保行星在经过其轨道的某些位置时，会在实际上离地球更近些。或者，行星的轨道会以地球为焦点，但其旋转速度从宇宙正中心以外的某个点看上去是均匀的。这个点被称为偏心匀速点（equant），它是个数学上的设置，旨在解释为何从我们所在的地球来看，某些行星在其轨道上似乎是以不同的速度移动的。然而，最重要的设置却是本轮。在最简单的情况下，它是轨道内的轨道——某个行星在一个平滑的圆形路径中绕一个点运动，该点本身也在平滑的圆形路径上绕地球运动。这幅图景的整体效果会是某种螺旋式运动，除此以外，当行星绕天空中较大的路径旋转时，会产生明显的逆行运动。

在哥白尼的时代，为了适应我们的天文观测，人们为这些不同的设置做出了好多不同组合。因此，在我们谈论托勒密体系时会略微有些误导人。尽管如此，当时的各种天文系统都包含了偏心轨道和偏心匀速点，还包括大约80种不同的本轮组合或其他组合，以便计算正确。毫无疑问，对于仅包含7个运动部分的天文模型来说，其数学复杂度已相当之高，而其中的几何学也过于模糊，此番局面可能的确预示了世人需要采取别的方法加以处理。哥白尼的洞察力在于，他认为所有数据都需要解释，有时候，最好的解释角度可能涉及从相反的角度看问题。让太阳成为宇宙中心，并且让地球动起来以后，我们有可能简化现有的托勒密体系，并消除众多令这个体系看起来十分缺乏吸引力的偏心轮和本轮。[11]

但问题仍然存在。简化本身也是一种对问题的解释。当然，哥白尼所采用的一些数学技巧在抽象意义上是精巧的，也能令人产生智性的愉悦，人们禁不住要钦羡他的技艺了。但由此产生的系统内部仍然包含了足足34个本轮——这肯定是对托勒密体系的改进，但其中仍包含了太多的模糊和修正，还远未到能说服人们相信它而非其竞争对手为真的地步。毕竟，我们仍然只是想要容纳7个运动的天体而已。此外，哥白尼体系中的许多计算都要困难得多。这就是天体导航仍然在托勒密框架内讲授的原因，尽管我们此时对太阳和地球的相对位置已没有任何疑问了。但最重要的是，如果地球确实像哥白尼所说的那样运动，为何我们所有的感官证据都表明情况不是这样呢？我们都有在快速移动的表面行进的经历，东西晃来晃去，咖啡飞溅，而这仅仅是在正常速度下的情况。如果地球真的以大约1000英里/小时（1609公里/小时）的速度绕太阳飞驰，那么，我们似乎应该一直都对这些影响有所察觉。

被误解的科学

图2.1 "中世纪一位传教士讲述他发现了天体与地球交会的地方"（作者不详），摘自 Camille Flammarion（卡米耶·弗拉马利翁），*L' atmosphère: météorologie populaire* (Paris, 1888)。

图2.1：对于中世纪的天文学家来说，地心说既为人类在宇宙中的天文学地位提供了一个令人满意的模型，也为人类在宇宙中的道德地位提供了令人满意的模型。就像粗粝的物质被拉向地球中心一样，人也被肉体的罪恶所拖累；正如火被拉升至外行星一样，稀薄的灵魂也会被提升至天体。

这至少是亚里士多德会得出的结论。回想一下，在他的叙述中，一切事物都有回归其在宇宙中的本来位置的倾向。所有重物都朝宇宙中心运动，包括地球。接着，如果地球绕太阳旋转，它必然也会经历一个让其偏离预定移动方向的恒定力量，而正是这些不自然的扰动会导致满世界的热咖啡不断溢出。简单来说，亚里士多德的物理学无法解释某个东西在缺乏力的持续作用下的运动观念——用现代术语讲，这种物理学没有惯性运动的概念——因此也无法看到在未被震得粉碎的情况下，地球绕太阳旋转是如何可能的。因此，为了支持哥白尼系统中数学的优雅，人们还需要完全修改对运动机制的解释。为了对天文学进行小幅调整，人们还需要彻底重写物理学教科书。事实证明，这甚至是个更好的故事。

让地球动起来

哥白尼革命的全部意义在于视角的转换。从地球绕太阳旋转的角度出发——而非地球静止地位于宇宙中心——我们可以从全新的角度看待行星的运动。这种视角的转变也让我们能够更好地理解一开始就遇到的奇特故事。伽利略从未在比萨斜塔的顶部放下铁球，而我们如此确信的部分原因在于，我们知道任何此类实验都会遭遇完全而彻底的失败。伽利略想要推翻亚里士多德的运动理论，后者让人难以相信移动的地球带来的世界图景。但仅仅从高处释放铁球也无法说服科学界放弃其深信的信念。正如我们所见，任何此种实验都能以不同的方式加以解释。伽利略所要做的则是对亚里士多德物理学的基础原理发动持续不断的进攻。只有在这个计划完成之后，这样的实验才能以恰当的方式得到解释。因此，我们熟知的比萨斜塔的故事情节绝不会成为科学革命的原因。事实上，它是科学革命的后果之一。

伽利略对亚里士多德主义的持续攻击终于在1632年开始了，他在当年发表了《关于两大世界体系的对话》（*Dialogue on the Two Chief World Systems*）一书。这本书采取了对话体形式，书中的对话发生在乡村庄园里的三位朋友之间，萨尔维阿蒂称赞哥白尼体系的功绩，辛普利邱捍卫亚里士多德和托勒密的传统观点，而萨格雷多——他是前两人的富有支持者——则扮演了某种中立观察者的角色。正如我们所料，《关于两大世界体系的对话》既是一篇精巧的文学作品，同时也是一部深入的科学论述。该书阅读起来令人十分愉悦，但并没因此遮蔽其基本信息。萨尔维阿蒂显然是伽利略的代言人，他最终也比同伴们表现得更好。辛普利邱（这个名字在意大利语和英语中都带有"土包子"的含义）则经常打断萨尔维阿蒂的谈论，并且犯下一些基本的算术错误，并时常展示他的无知。因此，在《关于两大世界体系的对话》的结尾，萨格雷多——作为读者的代言人——确信哥白尼天文学明显更具优越性也不足为奇了。

他们的对话涉及诸多重要主题，但主要焦点当然还是地球的运动，以及这种现象与我们日常经验的明显不一致性。由于辛普利邱显然无法正确地阐述亚里士多德的思路，萨尔维阿蒂就将论证陈述如下：

> 正如世人提出的最强有力的理由所主张的，从高处坠落的重物经由直线和垂直线到达地表。这被认为是地球一动不动之无可辩驳的论据。因为如果它每天都在旋转，那从塔楼顶部放下的石块就会受到地球转动的影响，并最终在下落过程结束之际飞到偏东方向数百码的地方，而这个石块也应该降落在距离塔楼底同样远的地方。[12]

而其他丰富多彩的例子则进一步扩展了相同的基本观点。值得注意的是，如果我们脚下的地球像伽利略主张的那样处在不断的运动之中，那么，人们往一个方向发射的炮弹应该比往相反方向发射的炮弹远——因为其中一个炮弹的运动方向与地球的运动方向相反——但情况显然不是这样。我们还能更直接地注意到，如果地球及其上面的一切东西都处于恒定的运动状态，则鸟儿会被吹走，我们也应该总能感受到强大的东风。

被误解的科学

简单来说，解决这些困难的办法是要意识到，如果地球在动，那么其他一切都将随之移动。伽利略——抱歉，此处应为萨尔维阿蒂——用海上航行的船舶的情况说明了这一点。假设船以恒速朝东航行，其间有人爬到桅杆顶部并往甲板上扔下一颗铁球。因为船只在铁球释放的时刻仍在移动，这就会为铁球传递一些向前的动力，就像快速移动的手臂为扔出的抛射物提供前进的动力一样。接着，从站在岸边的静止的观察者的角度看，船只和铁球似乎在实验所需的时间内都略微向东移动了，这就是铁球仍会径直落在桅杆底部的原因。然而，从水手的角度看（他也和船一起以恒定的速度移动），他们所看到的则只是铁球沿直线下落。因此，物体的运动并非一个客观问题，正如亚里士多德所坚持的那样，一切都朝向宇宙中心的特权点运动。运动是相对于参照系而言的。同样的现象也解释了，在飞机上观看尚格·云顿的经典电影《再造战士》（*Universal Soldier*）而非继续写书之际，你一兴奋打翻了咖啡，它会径直溅落到你的膝盖上，而不是以600英里/小时（966公里/小时）的速度朝机舱尾部飞去。向前飞行的飞机为你杯子里煮好的热咖啡和你身上的白色斜纹棉布裤提供了相同的动力，从而当咖啡朝棉布裤飞溅时，它们仍会以相同的相对速度移动。当然，从空中交通管制中心的静止观察者的角度看，咖啡以惊人的速度在地平线上移动。只是，它四周的一切——包括你的裤子——也以相同的速度朝同一个方向移动。

《关于两大世界体系的对话》出版后不久，伽利略就被传唤至罗马，为自己遭受的异端指控辩护。据称，他最新的著作明确支持哥白尼的宇宙论，因此也违背了《圣经》的教义。令人惊讶的是，伽利略用巧妙的文字功夫把这件事表述成一个单纯的假想辩论，其中的亚里士多德主义者被反复嘲笑和羞辱，但后者却没能愚弄到任何人。事实上，这个故事让学术界中的某些人士——那些发现可怜的辛普利邱提出了己方观点的人——已经相当愤怒了。话已经放了出来，暗箭也已就绪。因此，到1633年的冬天，年迈的伽利略已不愿前往梵蒂冈朝圣了。

整个事件让伽利略感到异常震惊。他当然不曾想到自己因为那本学术的对话著作已树敌无数。但伽利略是一位虔诚的天主教徒，并且花了大量精力表明自己的科学工作完全符合教会的教义。的确，我们很难看出所有这些小题大做都是为了什么。毕竟，《圣经》中仅有少量段落与天文学可能存在些许联系，但这些段落的含义往往也十分模糊。也许最广为人知的例子是《约书亚记》10:12-13，据说上帝曾放慢太阳的速度，以便给以色列人更多的时间击败敌人：

当耶和华将亚摩利人交付以色列人的日子，约书亚就祷告耶和华，在以色列人眼前说："日头阿，你要停在基遍；月亮阿，你要止在亚雅仑谷。"于是日头停留，月亮止住，直等国民向敌人报仇。这事岂不是写在雅煞珥书上吗？日头在天当中停住，不急速下落，约有一日之久。

我并不了解亚摩利人，也不知道为何以色列人如此痛恨他们。推测起来，原因可能在于，只有太阳本来就是运动的，上帝才会让它静止不动。因此，我们可以推论说，太阳必须绕地球转动，而不是相反。[13]

但即便将一些关乎经文解释的深层神学问题放在一边，这个论点也明显站不住脚。亚里士多德和哥白尼的叙述能同样好地解释太阳似在空中运动的事实。这是重点所在，因为它们明显是为了解释同样的数据而设计出来的。问题并不在于太阳绕地球转，还是地球绕太阳转，因为以色列人在两种情况下都会看到完全相同的现象。为了让太阳能在基遍上空静止，上帝不得不插手并暂时中止了世界的正常运转。这看上去再明显不过了。但经文中没有任何内容表明上帝是通过让环绕地球转动的太阳减速，还是反过来让环绕太阳转动的地球停步做到这一点的。简单来说——就像伽利略自己经常做的那样——我们没有理由认为哥白尼主义与经文相冲突，除非你已决心明确地按照亚里士多德的思路解读。正如这场辩论所展现的，这一切都归结为解释层面的问题。

发表和诅咒

因此，伽利略生命中的最后时光几乎与一开始提到的情节一样神秘。比萨斜塔的事实压根儿说不通。关于他受审然后被教会监禁的事实也一样说不通。并没有特别的经文解释会与他的科学观点发生冲突，《圣经》中没有任何内容会以任何方式与天文学产生合理的关联。

但更重要的是，我们压根儿不清楚，为何这样的解释甚至一开始就会成为问题。事实上，当时的教会否认《圣经》中有针对科学问题的讨论。实际上，主流观点几乎恰好相反：人类理性和科学调查实则应该用来帮助我们更好地解读和理解经文。这是一种传统，它可以追溯到教会中一些最令人尊敬的教父身上。圣奥古斯丁在一本写于415年，旨在反对拘泥于字面解读《创世纪》的著作中主张：

> 在晦涩且远远超出我们视野的事情上，哪怕在那些我们能从《圣经》中找到应对之道的事情上，只要我们所接受的信仰未受影响，其

解读有时候也可能不同。在这种情况下，我们不应该头脑一热，然后坚定地选边站队，如果我们对真相的进一步探索对这个立场不利，我们也会遭受不利。但这并非是为了《圣经》教义的战斗，而是为了我们自己，我们总是希望教义符合预期，但其实，我们应该希望自己符合《圣经》的教义。[14]

此事关乎谦逊。世界异常复杂，甚至我们最好的科学理论也会在新的证据面前被修改和反驳。同样，我们不应该太快地——更不应该过于傲慢地——认为几个世纪的辩论和争吵以后，自己发现了经文的终极意义。对于圣奥古斯丁而言，这也是一个关乎优先权的事情。教会的目的在于拯救灵魂，那么，把花在思索自然的内在奥秘以及太阳与地球相对位置上的时间——坦白讲——用在关注穷人、照顾病人等事情上会更好些。

因此，伽利略的科学著作并未遭遇严重或者持续的神学反对。实际上，他在1610年第一次强烈反对亚里士多德后，梵蒂冈便以他的名义组织了一次会议作为回应。伽利略用他新近改进过的望远镜表明，天堂并不像传统观点所认为的那样完美无瑕。月球上有山脉和陨石坑，而太阳表面则能看到像云朵一样盘旋的小斑点。但当教会为他的发现表示认同之际，伽利略的成就和与日俱增的声望并未让他受到学术同行的认同，而1610年也成为他与德国天文学家克里斯托夫·谢席纳之间争论的起点，他们一生都在激烈争夺发现太阳黑子的优先权（讽刺的是，伽利略和谢席纳都不是第一个做出这些观察的人）。伽利略在帕多瓦的同事切萨雷·克雷莫尼最初甚至以不看这种新奇的望远镜作为某种原则。他坚持认为，天文学乃博学的哲学思辨，而非像一些庸俗的商人那样拿着木头和镜子拼凑的器件四处张望。在大学公开演讲受到羞辱后，他被迫撤回了自己的观点。佛罗伦萨的教授卢德维科·代勒·科隆贝对他的作品十分愤怒，甚至还组织了针对伽利略的反对运动，只为诋毁他的声誉。实际上，这一群科学家首先就伽利略的作品与《圣经》的兼容性问题发难，这只能被描述为某种蓄意为之和愤世嫉俗的企图，他们在一场维护科学共识的斗争中，与教会的道德权威共谋，反对确凿的新证据。[15]

这一事件最终于1616年在教会被迫介入的情况下得以解决。伽利略的一些朋友是禁书目录圣会（Sacred Congregation of the Index）——这个机构乃宗教裁判所的文学分部，这个目录包含了大约1001本你一生都不应阅读的著作——的支持者，他们建议他不应再支持哥白尼主义的真相，但可以出于数学兴趣继续讨论这个理论。伽利略欣允，对手也暂时作罢。但在1632年，笨手笨脚的辛普利邱兴奋地转载了克雷莫尼和科隆贝的论点，他只是不想被恼人的萨尔维阿蒂打败而已，但战火已重新点燃。实际上，局势在这个当口的确发生了非常奇怪的转变。

伽利略抵达罗马后，他面临的指控并不是讲授"地球在运动"

　　　　　　　　　　　被误解的科学

这种质疑神学的观点，而是蓄意违抗教皇这一严重得多的罪行。人们当时已经起草了一份文件，它声称1616年伽利略不仅被告诫不再支持哥白尼主义，事实上考虑到监禁之苦，他甚至永远不会再讨论这一理论了。毋庸置疑，这对伽利略来说多少是个意外，他一直假设哥白尼主义至少可以作为数学理论出现。事实上，他还拿着禁书目录圣会为确认这项决定而签署的法令，并适时将其提交给了审判所。更糟糕的是，他的《关于两大世界体系的对话》甚至在出版之前就已获宗教裁判所批准，这也是伽利略可出具的文件。我们可以想象当天尴尬而毫无底气的辩论，审判当天就休会了。

事实证明，招来全部麻烦的罪证文件——主张哥白尼主义甚至不应被讨论的那份——同样表现出许多不合法的地方。特别是，从未有人签署这份文件，伽利略以及任何一开始就卷入这场争端的裁判所成员都没有签署。很可能，这份文件不过是审判所文员拟写的草稿，只是被伽利略实际签署的法令取代了。这份文件是如何幸存下来的仍是个谜，它又是如何传入宗教裁判所高层圈子的也让人颇费思量。然而，在所有可能对伽利略抱有怨恨的各方中，没有谁的怒气甚于——或者就此而言，对审判所的运作影响最大的——耶稣会士了，他们几百年来一直作为教会中的主要科学权威和亚里士多德正统的坚定捍卫者而享有巨大声望。事实上，他们中间最杰出的天文学家就是克里斯托夫·谢席纳本人，他甚至在对伽利略的审讯中客串出庭，为的就是抱怨旧时的优先权之争。

长期的法律争论之后，审判所最终做出了为伽利略提供辩诉交易的决定。他会承认一个小小的指控，即过度呈现哥白尼主义，以至于被认为是在宣扬。在伽利略接受了象征性的惩罚，并对《关于两大世界体系的对话》做出些许改动之后，所有人的面子都保住了。但不知何故，事情并没有按剧本走。当文书最终递呈教皇并进入官方裁决阶段时，意料之外的情况出现了。庭审记录与实际发生的情况没有半点相似之处。其中并未提到辩诉交易，也没提到相互冲突的法令。莫名其妙地，负责庭审记录的牧师——他碰巧又是一位耶稣会士——似乎把这些事情忘得一干二净。精心编排和赤裸裸的伪造一并造成了伽利略严重蔑视教会权威的形象。教皇震怒。伽利略被判终身监禁，后来改成了永久软禁，他在9年后的1642年于家中逝世。

与科学无关的题外话

2015年5月，教皇弗朗西斯颁布了他的第二道通谕"Laudato si'"（赞美你），世俗之人普遍称颂此举，他们认为罗马天主教会传递出了新的进步态度。虽然该文件明确重申了教会对堕胎和干细胞研究等问题一以贯之的反对意见，但它也明确无疑地认同了人为造成的气候变化和减少化石燃料排放的迫切需要。在伽利略因传

被误解的科学

言攀登钟楼并指出显而易见的事实，进而遭受酷刑的近400年后，这道通谕被看作教会最终愿意接受科学共识，而非以宗教权威或正统经文的解释为由反对它了。

正如我们所见，问题在于伽利略因为异端信仰而遭受迫害的想法压根儿不合情理。他的观点是可接受的，梵蒂冈也表示了庆贺，而当时的普遍共识在于，科学和经文完全兼容。伽利略真正的敌人并不是神职人员和神学家，而是其他科学家——他们是因伽利略打破科学共识而感到羞辱之人，也是对宗教权威享有强大影响力而实施可怕报复之人。在严格的试错过程之后，伽利略发现，当科学共识的部分解释涉及居高临下的道德制高点等重要得多的问题时，它就并不总是关注经验证据和数学优雅性等小问题了。

现实情况是，教皇弗朗西斯在公开支持科学和宗教的兼容性时并未提出任何新的理由，相比之下，伽利略在这方面就显得特别不幸。教会长期以来一直密切参与科学的发展，并经常站在捍卫科学共识的最前沿。伽利略的故事真正告诉我们的是，这样做并不总能带来好的结局。

第三章

科学形象种种

可以毫不夸张地说，艾萨克·牛顿乃有史以来最伟大的自然科学家之一。牛顿于1642年出生于格兰瑟姆的一个农民家庭，他最早是以为绅士当仆人来支持自己的本科学业的，27岁时，他已被授予剑桥大学卢卡斯数学教授席位（Lucasian Chair of Mathematics），此时，他已在力学和引力理论上取得了重要进展，并且至今也因为这些理论闻名于世。他最重要的著作《自然哲学的数学原理》（*Mathematical Principles of Nature Philosophy*）——又作《自然科学的数学原理》——出版于1687年，此书在很多方面都标志着，约100年前始于哥白尼和伽利略的科学革命进入了顶峰。牛顿不仅证明了伽利略提出的运动理论可与哥白尼提出的太阳系日心说模型相协调，而且事实上它们可用相同的基本原理加以解释。也就是说，决定（比方说）苹果从树上下落方式的基本物理定律实际上与决定地球绕太阳运转方式的物理定律完全一致。这是个惊人的结果，它为那些仍坚持认为头顶的天堂有着自身独特规律的人的知识棺材又钉上了一颗钉子。因此，牛顿的《自然哲学的数学原理》毫无疑问是一项非凡的智性综合。它也是一项技术杰作，其数学复杂度十分新颖，乃至于当时地球上还没有其他人能够理解——但这当然只会进一步提高其声誉。

毋庸置疑，我们在科学理解方面取得的各种进展是要克服相应的困难的。为了恰当地表达自己对世界的新理解，牛顿首先必须发明一整个能够处理其思想复杂性的全新数学分支。它就是我们如今熟知和喜爱的微积分原理，牛顿认为这是他职业生涯中最重要的成就之一。因此，当德国哲学家戈特弗里德·莱布尼茨提出微积分可能是自己首创而牛顿只是整个照抄之后，后者感到气恼也是可以理解的。愤怒的信件往返于俩人之间，大量公开骂战也出现在媒体上。最终，皇家学会出面干预，他们于1712年公布了明确支持牛顿的结论。应该指出的是，为了避免任何形式的偏私或偏见，皇家学会的主席本人——（咳）恰好就是牛顿——从头到尾监督了整个调查，并亲自撰写了最终的报告。

另一个困难在于，虽然牛顿设法以前所未有的数学严谨性表达万有引力定律，但是他对自己应该表达的东西究竟意味着什么一无所知。大多数物理交互作用都有令人心安的具体基础——一个台球击中另外一个，然后它们滚向球桌尽头，但是万有引力却不是这样。实际上，万有引力似乎并不涉及任何形式的物理交互作用。太阳系的行星似乎被某种神秘而无形的力所控制，这种力经由遥远的空间距离发挥作用，而空间中却空无一物。因此，批评者有些合理地抱怨，认为牛顿只是重新引入了科学革命本应推翻的那些神秘性质。对于新一代的现代科学家而言，宇宙应该像发条装置一样运作，但如果少了万有引力作用下的物理机制，任何齿轮和弹簧都无法啮合。牛顿回答说："上帝本人对此进行了干预，以确保所有的造物都按正确的方式运动。"莱布尼茨打趣道："真是个令人失

被误解的科学

望的神灵，他总是不得不停下来为他的钟表拧紧发条。"但话说回来，牛顿提出过一些与宗教相关的非传统观点。他可能一生中的多数时间都在寻找《圣经》中隐藏的信息，而非研究物理学，尽管他拒绝沉溺在对即将到来的末日的日常猜测之中，但是他仍从数学上证明了世界末日的最可能日期为2060年，我对此没有意见。

但是到目前为止，牛顿面临的最严重困难是如何累积足够的数据。如果你想要提出主宰已知宇宙内所有物体相互作用的数学原理，你显然想用到尽可能广泛的证据。牛顿的解释的重点之一是用月球对地球的引力作用来解释潮汐运动——这个问题难倒过伽利略，并尴尬地成为随后科学革命中挥之不去的阴影。[16]于是，牛顿开始将自己的计算与英国庞大贸易网中的水手、渔民和领航员的记录、报告做出细致的比较。不幸的是，对牛顿而言，众多参与该项目的专业海员非常明白，如果他们在精巧的导航技艺方面的多年经验可以简化为书中重复出现的一些计算，他们将面临什么样的经济现状。因此，牛顿实际上收到的只是一系列奇特而相互矛盾的报道，它们有组织地夸大了世界上众多最安全海岸线的危险和不可预测性——更不用说那些每天持续与这些反复无常的洋流作斗争之人的英雄式自我牺牲和绝对必要性了。

虽然其中一些困难最终通过外交部派出的业余爱好者用自己的卷尺和怀表等权宜之计得以解决，但牛顿仍然发现自己在追求可靠数据方面付出了不小的代价。在1655年的一个笔记本中，牛顿记录了为研究眼睛内部工作原理而开展的一项实验。作为牛顿机械世界观的一部分，所有物理现象最终都可以从较小运动部件的相互作用的角度加以解释——再次强调，就像某些巨型精致发条装置那样——因此，他推测视觉本身也必然可以用某种方式归结为，小颗粒的光线相互碰撞进而在眼睛表面留下印记。然而，困难在于找到某种方法来检验这一假设，因为仅仅解剖眼球并琢磨其组成部分可能无法告诉我们这些相互作用的主观体验。牛顿的解决方案非常简单直接：

> 我拿出一个锥子，把它放在我的眼睛和尽可能靠近眼睛后面的眼眶之间的地方：然后，我用它的尖端按压我的眼睛……眼前出现了几个白色、深色和彩色的圆圈。当我继续用锥子的尖端摩擦眼睛时，这些圆圈是最明显的，但如果我让眼睛和锥子都不动，因为锥子还压在眼睛上，此时的圆圈就会变得微弱，并且会在我移动眼球或锥子消除它们的时候逐渐消失。[17]

顺便一说，牛顿用的锥子是一种织针，他大致发现，把织针放进眼窝，然后来回扭动，就能看到各种不同的颜色。就像我说的，他是有史以来最伟大的自然科学家之一。

不幸的是，尽管付出了异常艰辛的努力，但牛顿最终还是成了数据不足的受害者。问题在于，他将调查范围局限在了一系列极

　　　　　　　　　　　　　　被误解的科学

端狭窄的关注点上——对地球上的人类直接产生影响的事情。这在那个时代看起来也是个合理的决定，但正如爱因斯坦在20世纪初的时候所证明的，一旦我们进入宇宙尺度，事情就会变得非常不同。牛顿力学包含了一些基本常量，比如物体的质量和时间的流逝等，它们在我们接近足够高速时会开始表现得非常不同。当然，大多数此类因素在人类尺度上压根无从探测。这需要超音速喷气式飞机和记录时间膨胀最细微影响的高精度原子钟。你可以把一个人放在月球，而不必担心相对论的影响。实际上，当速度足够小时，我们的确可推导出牛顿的原始方程乃爱因斯坦提供的更复杂框架的极限情况。然而，尽管牛顿力学可能适用于我们的很多意图和目的，但是仍然无法抵消它在技术上的错误，即在数据不足的情况下做出毫无根据的推断。

你的数据有多大？

牛顿及其力学和重力理论的例子代表了科学方法最持久的一种形象——单独的个体耗费大量精力来生成验证猜想所需的必要数据。但科学已日益成为专业化的活动，它所需的实验设备越来越先进，成果的传播速度也越来越快，其全球研究网络包含了无数个体和实验室，于是，上述形象显然已经过时了。的确，牛顿可能为了凑够足够的数据而被迫采取了一些十分极端的措施，但相比之下，当代科学家几乎要挑花眼了。我们如今生活在一个数据异常丰富的时代，我们有更好的仪器，可以在更多的地方记录范围和种类都难以想象的事件。可以肯定的是，并非所有这些信息都非常有用——我认为它们的共同术语是"互联网（信息）"——但即便是搜索历史等看似无关紧要的东西，也能为下一次重大科学突破提供动力。如果牛顿能够获得如今这般的数据量，并且有分析所需的软件，他就不会犯下同样的错误。

至少，这就是谷歌流感趋势背后的理论，它是一款强大的数据处理软件，旨在仅从人们在互联网上的搜索内容来追踪美国的流感感染率。在著名科学期刊《自然》（Nature）杂志于2009年发表的一篇论文中，谷歌报告说软件得出的结果与疾病控制和预防中心（CDC）记录的数据十分接近——后者致力于直接记录因为鼻塞等症状去看医生的人数这种更为传统的模型——但是速度更快且效率更高。疾病控制和预防中心的数据总是比任何流感疫情落后几周，原因很明显，它必须等到人们实际上患病之后才能记录到数据，谷歌流感趋势则可提供最新的互联网搜索数据。通过搜寻某个特定的不优雅新造词，它不仅能在此前数据的基础上预测感染的扩散，而且还能实现感染的实时播报。这一切都无须构建复杂的计算机模型，也不用对潜在的感染机制做长期而艰苦的思考。你要做的就是把数据喂进算法，然后启动运算。这被称为大数据革命——快速统

被误解的科学

计分析科学研究的全新时代，全无烦琐理论拖后腿的现象。简而言之，它是一种全新的科学形象。牛顿的问题终于得到了解决。[18]

很不幸，正如上文的讽刺迹象表明的，好景不长。接下来，到第二年的2010年，疾病控制和预防中心搜集的稍显迟滞但质量不错的数据逐渐胜过了谷歌流感趋势。人们发现，如果你单单从前两周的医生预约记录做出线性推测，那你对未来感染率和感染范围的预测也比任何百万美元级别的搜索程序好得多。2012年，谷歌流感趋势高估了50%的流感感染数。到2013年，这一比例达到了100%，即实际感染人数的2倍。届时，你直接采用上一年的数据，直接做出情况与去年完全一致的假设（即某种重复而非预测），所得的预测也比谷歌流感趋势更加精确。2014年，谷歌流感趋势悄然下架。

究竟出了什么问题？遗憾的是，我们难以为谷歌流感趋势提供准确分析，这也能理解，因为谷歌对其传说中的搜索算法的运行机制保护甚严。但我们能够做出的一个初步观察是，更多的数据并不总是意味着更好的结果。这是我们从民意调查中汲取的众多教训之一。在写作这部分内容时，美国许多政治专家仍然对唐纳德·特朗普当选总统大惑不解，大量民意调查专家和数据分析家都自信地预测根本不可能出现这个结果。然而，这远非美国政治史上最大的反转。更好的例子是1936年民主党领袖富兰克林·D.罗斯福及其共和党对手阿尔弗雷德·兰登之间展开的总统选举。尽管民意调查机制到那时已很好地建立起来，但民众对这次选举的热情却异常高涨，《文摘》（*Literary Digest*）前所未有地调查了250万人，试图以此确定选举结果。其预测的结果是确定无疑的，兰登预计赢得51%的选票。当然，最后罗斯福以美国历史上最大幅度的反超轻松获胜，他收获了选举人团98%的选票——这是自1820年詹姆斯·门罗以来都未曾超过的数字——以及61%的选民投票，这场壮举甚至也超过了罗纳德·里根1984年获得的压倒性胜利。《文摘》杂志不只是错了，它错得离谱，绝对的灾难性错误。更糟糕的是，盖洛普的一项针对3000人的小规模调查却几乎正确。俗话说，规模并不说明一切。

当然，问题更在于，尽管《文摘》杂志拥有更大的人口样本，但样本质量并不高。其样本无法代表所有人口。特别是，其民意调查的名单是根据一些容易获取的编目——比如电话名录和汽车登记表等——编制的，这些名单到1936年时仅涵盖了非常有限的选民群体，尤其是那些更富有的社会群体，他们本来也更愿意投票给共和党。这并非个案。以近期的英国为例，民意调查倾向于系统性地高估工党的支持率，正如1992年和2015年保守党的意外获胜所证明的。人们普遍将此归结于英国民意调查专家们所谓的"害羞的保守党"（Shy Tory），这种说法（可能是工党选民提出的）认为，因为那些投票支持保守党的人是些不道德的企业大亨，他们更感兴趣的是减免其银行业朋党的税收，而非服务于公众利益，所以，他们

被误解的科学

往往羞于向公众承认自己的投票倾向。我们应该将这个观念与所谓的"恼人的自由主义"进行对比——这种说法（可能出自保守党选民）认为，因为那些投票支持工党的人是傲慢的自恋者，他们更在意在宴会上吹嘘自己支持了所谓的进步党的权利，而对提出可能真正帮到大家的连贯经济政策漠不关心，他们常常不避讳自己的投票偏好，无论别人是否投票。

因此，仅仅因为谷歌流感趋势能够分析大数据，并不能得出其结论会比疾病控制和预防中心提供的更可靠。但是情况没这么简单。另外一种可能性在于，谷歌流感趋势未能解释广告和媒体的影响。如果报纸上充斥着致命流感和大规模流行病的夸张故事，又或者，如果地方药店正在大力宣传流感疫苗，人们就更可能搜索谷歌流感趋势标记的关键词了。当然，没有什么能够担保媒体报道的范围总是与流感季的实际严重程度相符。没有什么比追踪生病的养老金领取者，以及重提往年关于外国耐药的超级病毒的新品种越过边境，来到身边害死我们等事情更能宽慰平凡无奇的一天了。最后，即便是健康的人也开始担心咽喉部位的疼痛了，接下来你就知道自己已经自我诊断出一些阻碍发声的热带病，但其实它直到现在也只是对鹦鹉造成了影响。

第三种更有趣的可能性在于，谷歌自己的搜索引擎可能扭曲了它自身跟踪的数据。同样，这种可能性部分涉及我们对谷歌算法工作方式的猜测，但情况似乎很清楚，一次搜索的结果可以对另一次产生影响。谷歌经常会针对你输入的关键词推荐"相关搜索"——这有可能由广告收入来决定——它也会根据其他人的搜索历史更新搜索建议。因此，我们很容易想象某人搜索了与流感无关的信息，但谷歌却一时兴起随机推荐了与咳嗽和打喷嚏相关的内容，然后此人点击链接。也许某人正在搜索电影《绝地双尊》（*Double Impact*），但得到的却是通向同名的强大两用解充血剂的链接，于是他决定了解更多。这种情况的直接后果当然微不足道，但正好可让谷歌在人们下次搜索与流感无关的信息时，适当提高推荐感冒和打喷嚏内容的可能。可能性越大，点击链接的人就越多，这个过程就开始像滚雪球一样展开了。顷刻间，所有人都在搜索流感症状。此外，谷歌本身也在鼓励人们搜索流感症状。讽刺的是，搜索的关键词在互联网中再现和传播的方式本身也可能是病毒在真实世界传播的绝佳示例，社会中受感染个体的物理接近度被算法术语中的数学接近度这种更抽象的指标所替代。但尽管这很令人着迷，遗憾的是，没有什么能告诉我们人们何时会真的生病。

那么，真正的问题并不在于谷歌流感趋势为何会出错，而在于它为何一开始会取得成功。我们已经遇到了样本偏差的问题。当你考虑的数据实际上并不能代表你想要研究的现象时，就会发生这种情况。大多数民意调查都面临某种形式的样本偏差，无论是1936年《文摘》杂志仅调查拥有电话和汽车的富有群体这种极端例子，还是某些群体比其他群体更愿意表达自己的政治偏好的

被误解的科学

现代问题等等都是如此。虽然大数据革命并不能担保消除样本偏差——多少数据是足够的？——但对于小数据而言，这总会成为一个更严重的问题。然而，与所有这些紧密相关的则是"确认偏差"（confirmation bias）的问题。当我们无意中更加重视支持假设而非反对它的数据时，就会发生这种情况。众多迷信都基于"确认偏差"，因为当事情不顺时，相对于其他无数事件，我们往往更为生动地记住了某种幸运的巧合。或者，我们想想顺势疗法药物，它会在三天内"治愈"你的感冒，因为不管怎样，所有的感冒都会在三天内逐渐消退。显而易见，当你处理谷歌流感趋势等软件量级的数据时，更有可能的情况在于，你会发现一些一开始已经确证你的假设的相关性。

用途很重要

谷歌流感趋势总能成为错误问题的答案。牛顿的问题从来就不在于他缺乏足够的信息，其解决方案也不在于找到处理更多数据的办法。实际上，想象某个时刻，牛顿已经能够获得更多关于潮汐运动、钟摆运动或者他建构理论所需的原始事实和数据的大量可靠信息源；设想牛顿可以获得我们如今拥有的大量数据，包括地球上每个观测点的海平面和月球位置的实时信息，以及转换无穷数据点所需的强大大数据算法。他依然会出错。这是因为牛顿力学起作用的环境可从实验的角度证明为无效——比如速度接近光速的时候——这甚至是他不得不考虑的未知情况。问题从来都不在于牛顿缺乏足够的数据。问题在于他缺乏种类正确的数据。

　　这个问题实际上相当普遍，如果你想一想——这真的是哲学家耗费大量时间思考的问题——我们其实很难看到，如何才能拥有足够的数据解决一开始遇到的问题。我们举一个职业哲学家们钟爱的简单例子。假设我们试图研究不同鸟类的羽毛。我们观察了一些黑乌鸦，并初步提出了所有乌鸦都是黑色的猜想。然而，在对自己简单的鸟类学理论充满信心之前，我们需要观察多少黑乌鸦呢？初次面对这个问题时，我们可以看到，这取决于世界上存在多少只乌鸦。举一个极端的例子，如果全世界仅存在10只乌鸦，而我们已经查看过其中8只，且它们都是黑色，那么，我们就会信心满满。我们不妨再举一个极端的例子，如果世上有上亿只乌鸦，而我们仅查看了其中8只，那我们最好慎之又慎。问题并不是乌鸦的数量可能十分巨大，（这至少能让我们对自己的理论做出尽管悲观却合理的评估），而是我们完全不知道还有多少乌鸦没有观察到——就像牛顿压根儿不知道他手上的数据实际上集中在十分狭窄的范围中。事实上，如果我们真的大致了解世界上有多少只乌鸦，而且知道尚需观察的数量，我们可能已经对整个乌鸦种群足够了解了，如此，我们就没有必要在一开始对其颜色做出推测，并提出上述科学理论了。[19]

　　于是，似乎我们永远无法判断数据的可靠性，或者，至少无法让实践科学家真正感兴趣。尽管如此，证实理论的实例越多，理论越可能为真似乎也不无道理。我们观察的乌鸦越多，所有乌鸦为黑色的可能性就越大——即便我们无法肯定地判断所有乌鸦都是黑色的可能性究竟几何。但即使这种克制的评估也可能存在问题，如果我们确实观察过大量黑色乌鸦（仅限黑色），因此便推测其他乌鸦也是黑色，那么这个猜测就涉及对未来的预测。这是从过去所见推测未来所见，任何这种外推必然会对世界的运作机制做出若干假设。具体而言，我们基于过去而对未来做出预测的任何想法都必然预设，世界的运行机制在很大程度上会保持齐一性，以及事物的表现也与过去大致相同。我们会看到，当我们认为世界缺乏普遍的齐一性，并且事物的表现多少也与过去不一致时，无论观察到多少正面实例都已不再重要。如果一切事项都可能在任何时候发生变化，那么，无论多少黑乌鸦都无法告诉我们下次观察到的乌鸦是何种颜色。缺少了上述关键预设，我们就没办法确定自己是在为齐一性假设（所有乌鸦都是黑色）搜集证据，还是在为非齐一性假设（所有乌鸦到今天为止都是黑色，但明天就会变成白色，或者下周就会变成白色，又或者一个月之内就会变成白色，诸如此类）搜集证据。麻烦还是在于这个关键性预设（世界在很大程度上是齐一的）实际上和我们最初的理论一样存在问题。

这至少是苏格兰启蒙运动的主要人物之一大卫·休谟的主张，他可以说是有史以来最伟大的哲学家之一。休谟的观点看似简单，但其结果却是毁灭性的。当然，没有什么东西可以保证世界的齐一性。类似世界根本就不稳定，或者每只观察过的乌鸦都会在下周突然改变颜色等假设也压根儿不存在逻辑矛盾。它与所有三角形都有三条边，或者所有单身汉都未婚这种定义问题无关。相反，它是我们必须走出去亲自发现的东西。但如果世界的齐一性不过是另外一种经验事实，我们又该如何确立它呢？就像任何其他的科学猜想一样，事关数据的搜集。我们必须以一组有限的观察为起点，然后外推至更为一般的结论。我们观察到世界在过去已表现出程度可靠的齐一性，于是推断它在将来也会表现出同样程度的齐一性。但现在我们只是在绕圈子，正如休谟所言：

> 我已经说过，所有关乎存在的论证都建立在因果关系之上；而我们对这种关系的了解完全来自经验；并且我们所有的实验结论都基于这样的假设，即未来会与过去相符。因此，我们从盖然性论证或关乎存在的论证出发努力证明这最后一个假设，则必然陷入循环，而且还会将这个假设视为理所当然，这就是问题所在。[20]

哲学圈中更为正式的说法是，从过去外推到未来的做法又称归纳，而休谟所提出的困难——我们永远无法掌握足够的数据——又相应地唤作归纳问题。

正如读者所能想到的，现在仍有一些人致力于解决这个问题。当然，归纳问题的一个极端解决方案在于彻底放弃这个原则。如果我们无法证明那些基于过去而对未来做出预测的相关推论是正确的，那么，我们就应该停止做出这样的推论，并尝试以某种方式理解不具备这个原则的科学方法。这又让我们回到了波普尔的观点，正如我们看到的，他试图将整个科学方法还原为单纯的证伪过程。事实上，除了想为科学探究的开放心态和伪科学的教条式固执做出明确划分以外，波普尔实则在很大程度上也受到了归纳问题的困扰，但他将这个问题视为证伪主义理论的优点，因为这种理论提供了一种完全消除这个困难的办法。这个想法大致是说，尽管我们可能永远无法知道当下的一个经过充分证实的理论是否会在未来继续有效，但我们想必也知道，一旦某个理论被证伪，事情就结束了。

当然，我们已经看到波普尔说法中的一些问题，实际情况尤其证明了，想要为证伪方法找到一个明确无疑的例子是异常困难的。但波普尔仅仅立足于猜想和反驳过程之上的说法还有别的缺点。假设我们有两个相互竞争的科学理论，它们都描述同一个研究领域，例如一座特定的桥梁是否能够承受一定的重量，或者某个特定品牌的药物用起来是否安全，诸如此类，为了论证所需，我们假设其中一个理论已彻底被证伪，另外一个还悬而未决。现在，想象我们需要对这两个不同的理论做出抉择，从而确定下一步的行为——比如是否要驾车开过这座桥，喝药，或者碰巧其他什么情况。明智的做法是选择尚未被证伪的理论。我们大概会做出推论说，我们并不知道这个理论是否为真，但的确知道另外一个为误，因此，我们只是在可能的成功和必然的失败之间做出选择。这一定是波普尔的建议。但究竟是什么支持了这样的评估呢？我们为何要假设被证伪的理论会继续不可靠呢？我们何以担保事情会继续像以前那样发生，又如何担保一个理论在过去的败绩能够可靠地指引未来呢？事实证明，证伪主义的整个过程也必须预设世界基本上是齐一的，否则证伪一个科学理论就会是无意义的成就。实际上，波普尔的证伪主义理论并没有消除归纳推理的需求，而是以它为前提。

对归纳难题的另一个回应则承认，我们永远无法确定基于过去的推断是否会在未来继续有效，但它仍坚持认为，如果存在任何理解我们周遭世界的可靠方法，那归纳法必定位列其中。这个想法是说，我们可能不得不接受世界从根本上就是随机和不可测的，在这种情况下——从科学的角度讲——无论是否继续从事归纳推理，我们都已应接不暇。但另一方面，假设的确存在一些可对未来做出可靠预测的办法，哪怕是通常不被我们归于科学方法的东西，比如茶叶占卜（reading tea leaves）或者水晶球占卜等。无论这些方法多么奇怪和诡异，如果真的存在预测未来的可靠办法，那么，我们也大可以信任归纳原则。这种说法的理由在于，它断言茶叶占卜或水晶球占卜是可靠的推理方法——它们在过去很有效，我们也期待

被误解的科学

它们在未来也有效。简而言之，断言某种推理方法是可靠的本身也是在进行归纳推理，二者相辅相成。

那么，我们所拥有的与其说是对归纳的辩护，不如说是对冲赌注的巧妙方式。无论世界的运作方式如何，我们都可以理性地推理。如果世界变得完全随机且不可预测，我们也没有任何损失，因为任何推理方法都会走向失败。然而，如果世界真的就是可预测的，哪怕预测方式十分诡异且意想不到，那么，归纳法也会找到通往成功的道路。这绝对是一种哲学式的解决方案——让人感到智性的愉悦和精致，但不知何故，它并不管用。当然，问题在于它过于抽象。我们真正想知道的是，是否存在任何具体的科学理论因其过去的成功而可能为真。我们想知道，观察黑乌鸦是否就是确定所有乌鸦都是黑色的可靠办法；谷歌想知道，记录互联网搜索历史是否就是预测流感感染趋势的可靠办法；牛顿想知道，测量地表某些现象的运动是否就是理解整个宇宙的可靠方式。然而，上述所有的推理都告诉我们，如果观察黑乌鸦是推测鸟类学的可靠方法，那么，我们基于这些黑乌鸦做出的归纳推论的确就是合理的。但与其简单地重提问题，不如回答问题。

休谟自己解决这个问题的办法更加愤世嫉俗。他指出，既然无论涉及什么样的哲学疑难，我们似乎总是会归纳地推理，那么，我们就应该放下包袱并习以为常。对于休谟而言，科学实际上是一种非理性的活动——但他坚持认为，我们对理性的追寻可能被高估了。这并不是说科学是不可能的，或者我们在研究中永远无法取得稳步的进展。但情况的确表明，试图揭示某种明确的科学方法，进而将其作为衡量其他理性活动的标准很可能就是执迷不悟。牛顿的问题并没有强力的解决方式。一旦我们开始认为科学方法只是一个累积更多数据的过程——仅仅是个规模问题——那么，我们就已经为自己设置了一个无望战胜的困难。对于寻找更好的科学形象而言，这听起来真是个不错的理由。

糟糕的第一印象

最终，归纳问题仍未得到解决。尽管专业哲学家们可能松了口气——毕竟，我们都要做点事情打发时间——但擅长反思的科学家却对这个结果甚为不满，他们大概更希望得到一些保证，即他们基于常识而为自己的理论搜集尽可能多的数据的做法实际上并不是徒劳无益的。

因此，我们值得花时间分析一下，自己是如何一开始就陷入如此困境之中的。关键在于，搜集那些证实我们的科学理论的数据——比如更多的黑乌鸦——和搜集那些有助于确定为何我们所讨论的科学理论为真的数据是不同的。问题的根源在于，尽管我们可以轻易地观察到越来越多的科学理论的实例，但我们永远无法观察

被误解的科学

到确保科学理论会在将来继续有效的潜在联系或必要联系。或者更简单地说，尽管我们可以观察到某只特定的乌鸦是黑色的，并且相应地推断未来的情况，但我们无法观察到乌鸦和黑色之间的基本联系，而这一基本联系保证了这一推断会站得住脚。

思考这个问题的另一种方式在于，虽然我们可以很容易地观察到不同事件的相关性，但观察到不同事件的因果联系却困难得多。因为两个事件相互关联仅仅意味着，它们经常会差不多同时发生。然而，因果关系中的两个事件却意味着更强有力的稳定形式。二者有时候难以区分，例如，我们知道，每当教堂塔楼的小锤撞到大钟时，钟就会响。我们有直接的因果机制对其进行解释，其中会涉及钟的振动和空气分子。更重要的是，如果锤子没有撞到大钟，它就不会响。相比之下，我们也知道，每当教堂塔楼的钟敲了12下，市政厅里的钟也会在几秒钟后敲12下。当然，这并不意味着教堂塔楼里的钟敲了12下是市政厅钟表敲12下的原因。尽管两个钟可能已经按照同样的标准进行了校准（误差在几秒钟以内），但与第一口钟的响声相关的任何因素都无法决定第二块钟的响声。特别是，如果教堂塔楼里的钟被拆下来维修，市政厅里的钟还是会一如既往地转动，好像什么也未曾发生一样。

同样，在2009年，咳嗽和鼻塞的互联网搜索结果与美国境内流感的实际传播之间存在高度相关性。但最终结果显示，二者并无因果联系——你在浏览器中输入的内容和你是否生病之间并无潜在的、根本的联系——这就是谷歌流感趋势随时间的推移变得越发不可靠的原因。如果我们想要解决归纳问题，那么，我们真正想要的是确保搜集的所有数据存在因果联系。这就是问题所在，正如休谟所言：

> 思索外在对象并考虑因果机制时，我们永远无法在单个实例中发现任何强大或必然的联系；任何特质都能把结果和原因联系起来，从而让一方成为另一方的可靠后果。我们只是发现，一方事实上跟随另外一方。一个台球的推力增加了另一个的运动。这是我们外在感觉的全部。心灵并未从物体的承继关系中感觉到看法或内心印象：在任何单独或具体的因果关系实例中，并不存在任何可以表明强大或必然联系之观念的东西。[21]

我们看见一个台球击中另外一个，后一个台球被撞开了。我们可以不断地深入考察，一直到撞击发生的那一刻，但无论考察多么仔细，我们实际上从未真正看到第一个台球导致第二个运动的过程。在某个时刻，第二个台球是静止的，而在下一个时刻，它就朝着顶部垫子的方向滚去，没有什么延时摄影能记录下因果关系发生的那一刻。我们能够以任何精度检查台球，测量它们的动量和动能的转移，以及它们每一个原子的量子激发状态，并为一个台球停止运动和另一个开始运动的时间点具体到最细微的部

被误解的科学

分，但是，我们永远无法观察到一个台球引发另一个台球运动的特定时刻。的确，正如休谟接下来所说的那样，如果我们能够观察事件之间的因果关系，我们就会确切地知道未来会如何展开，这样一来，科学从一开始就没了必要。

休谟问题所隐含的，是我们如何理解自己与世界的互动。对休谟而言，观察是一项纯粹的被动活动——我们睁开眼睛，信息就涌了进来。这些简单的观念让我们立即熟悉了休谟所谓的印象（impressions），借助它们，我们在理论反思中才能构建更为复杂的观念和抽象意象。这是一个让归纳问题显得特别棘手的图景，正如我们所见，事件之间的因果关联并不是直接供我们查验的东西。牛顿的例子特别清楚地说明了这幅图景，他自己的织针实验显然以这种观念为前提，即我们通过如实反映在眼睛表面的印象观察外部世界。但这也是我们在上一章里讨论过的世界图景，一幅从根本上无法适应哥白尼革命，也无法与伽利略兼容的图景。简单说，这是一幅非常糟糕的世界图景。

魔术师归来

于是，思考科学方法的一种有效办法就是尝试区分因果和相关。我们在周遭世界中很容易发现各种模式，这大致是我们的大脑生来就会做的事情。但是，并非所有的模式都是平等的，其中仅有部分提示出一些潜在的机制，我们能用这些机制做出预测、设计机械、治愈疾病，或者做我们认为科学能够帮助我们达成的其他事情。然而，问题在于，区分真正的因果关系和偶然的相关性常常是一件艰苦的工作。它要求大量的认真思考，以及许多精细的实验测试。它还可能需要开发全新的数学技术，采访不值得信赖的信息源，有时甚至需要将织针插入你自己的眼窝，然后粗暴地来回扭动并观察会发生些什么。因此，大数据革命的一个基本卖点是它承诺了某种解决所有困难的办法。它提供了从单纯的相关关系中获益的办法，前提是，只要我们拥有足够的数据和最大的相关性，那么，我们就能自动获得因果关系。然而不幸的是，生活绝不是这样简单。自然界和政治领域一样，没有免费的午餐。

当然，这并不是说新一代工业规模的处理器对科学事业毫无帮助。事实上，大数据革命中的众多突出事例都不过是天真的统计运算，但这并不意味着所有这些方法都注定会失败。这里可能涉及一个更深层次的问题。可以说，因果关系和相关性之间的区别是科学实践的决定性特征之一。例如，它最清楚地阐明了，科学思想一开始是如何从——二者形成了对照关系——广义的魔法思维中产生并最终将其取代的。笼统地说，魔法思维往往在相关性层面起作用。我们观察到不同对象或事件的表层相似性，进而得出结论说它们必然相互关联。在交感巫术中，这种结论可能源于两个物体在外观上彼此相似。这是一种魔法思维，它认为某些草药可以治疗疾病，因为这些草药看起来像有待治疗的器官，或者你也可以通过破坏刻有敌人肖像的木偶来伤害他们。在顺势疗法巫术中，相似性则在于一个物体此前与另一个物体有过相互接触的事实，这也是一种魔法思维，它认为你能通过治疗造成剑伤的剑来治疗伤口，或者在你爱恋对象的指甲剪上施放咒语对其进行迷惑，或者在现代社会中，一小瓶水就可以具有药用特性，因为它是用已不具备活性的成分稀释过的。在这两种情形中，这些神奇的联系仅涉及我们讨论对象的表面特征，它们依赖草药和器官外形的表面相关性，或者依赖各种不同的概率与目的在空间位置上的相关性。相反，科学思维则超越了这些相关性，帮助我们看到这些所谓的联系是否证明了任何反事实的稳定性。[22]

然而，有时候我们难以撼动魔法思维。我们要记得，对亚里士多德而言，所有的运动都是物体试图回到它们自然的安息之所的结果——重物朝向宇宙中心，火焰则往上朝向天球等等。然而，我们既不应低估这种说法的经验基础，也不应贬低亚里士多德在科学方法领域的开创性工作，我们必须承认的是，主宰这个运动系统的具体机制本质上仍旧带有魔法属性。不同物体因引力作用而朝向宇宙中的不同位置，这并非因为某种吸引力或残余的前进动量，而是自然界各组成部分的潜在相似性，以及它们与起源地的某种残余联系。火向上而土向下，因为这就是它们该去的地方，而不是因为任何外力作用。

这种思维如此难以撼动，使得伽利略在推翻亚里士多德世界图景方面遭遇巨大困难的原因之一在于，魔法思维往往不仅解释了物理世界中的事件，而且还为道德或精神世界提供了某种解释。当其盛时，亚里士多德的世界图景——被中世纪教会重新诠释和重新构想之后——几乎为人类存在的各个方面提供了天衣无缝的描述。重物落向宇宙中心，人一旦屈从于自己的物欲，他也会向下沉沦一直到地狱，地狱则方便地位于一切的最中心。然而，人类也是一种精神的存在，就像火焰向上直达水晶般的天球一样，越往上越纯净，一直到超越了最远的星辰的上帝所在的天堂。这是一个物理和神学一体的世界，而世人放弃亚里士多德的运动原理也会带来十分现实的忧虑，随之而来的就是道德无政府状态和存在焦虑。当哥白尼和伽利略把人移出宇宙中心而受到责难时，众人的指控并不仅仅在于地球与太阳系其他星体之间的空间坐标关系，科学革命也推翻了人类的道德地位，并最终让人在一个结构上不再提供精神引导的宇宙中漂泊。因此，莱布尼茨能够指责牛顿无法在自己的机械世界观中为上帝留出一个地方，或者，牛顿如此严肃地对待这个指责都不足为奇。

　　然而，我们也不应急于嘲笑这些忧虑。一些人在明显没有考虑其统计基础的情况下便拥抱大数据革命，这种意愿很有些魔法的味道了。毕竟，这种做法明显为相关性赋予了高过因果关系的特权，外加电脑等强大设备的加持，大数据又被大家一致认为是我们

　　　　　　　　　　　　　　　　　　　　被误解的科学

这个时代的伟大先知。大数据革命也和我们的政治、道德思维有着相似的模式，后者往往也强调某些潜在的不公正现象，而非不公正本身。你只需花上几分钟浏览社交媒体，就能发现人们几乎痴迷于政治不正确的用语，这种语言往往被看作与偏见所做的实际斗争，或被视为参与任何广泛的社会行动的合法替代。这些交流滑稽得可笑，因为相关言论往往在未经历过任何偏见的社会经济群体中降格为道德上的颐指气使（我相信这又唤作"显摆特权"），此外，语词自身拥有权力或道德意义——完全独立于言说者或言说者的意图——的观念本身就是魔法思维中最为典型的例子。

当然，我们很难知晓，是道德思维的普遍衰落鼓励科学研究采取了更为肤浅的方法，还是科学研究中不为人知的错误导致了这种道德懈怠。抑或二者都只是另外一个潜在原因的结果，例如，只要存在更容易的选项，人类一般都不愿努力工作，也许实际情况只是我们的懒惰。但话说回来，或许二者之间压根没有因果关系，这只是缺乏联系的相关性的又一个例子，而这种相关性又被赋予了超出实际的重要意义。

第四章

88.6%的虚假数据

劈啪作响的火焰在客厅中投下了忽闪忽闪的阴影。屋外，昏暗的光线洒在玻璃窗上，大街上漂移的马车在积雪覆盖之下咯咯作响。他背靠在扶手椅里，指尖反复抬起又放下，然后，他转向朋友，用缓慢而有节奏的声音说道：

"再简单不过了，我的眼睛告诉我，你左脚鞋子的内侧，映着炉火的那个地方，皮子上有六道几乎平行的剐痕。显然，它们是由某个想要刮除鞋底边缘泥土的人不小心造成的。因此，你看，我做出了两重推论，一是你在恶劣天气里出过门，二是你正在向我展示一个伦敦女仆毁坏靴子的恶劣实例。至于行医的事情嘛，既然眼前这位先生带着一股碘仿气味走进我的房间，右手食指上有一个硝酸银染污的黑渍，礼帽右侧又一个被帽子里的听诊器撑出来的鼓包，那么，说实在的，我要是还不能断定他是医疗行业的积极成员的话，脑子就多少有点迟钝了。"[23]

说话的人当然是夏洛克·福尔摩斯，他是世界上最了不起的侦探和重度可卡因瘾君子。华生医生肯定对自己朋友几乎神奇的敏锐感到惊讶，很容易证实，他曾在雨天出门，而且女仆在清洁靴子的时候常常粗枝大叶，以及他最近确实又开始行医了。华生带着这些信息走近了一位伪装拙劣的波希米亚王室成员，他因此踏上了关于失踪的钻石、错误身份和上流社会谋杀的冒险之旅。

抛开一些更为离奇的应用不谈，福尔摩斯的做法还是有合理性的，他的做法往往成为人们思考科学方法的灵感来源。然而，秩序井然之下实则暗藏重要警告。令人遗憾的是，大侦探坚称其推理风格为演绎，并且反复告诫华生他只是从现有事实中推断出解决方案。事实绝非如此，从技术上讲，演绎是一种纯粹的逻辑程序，我们可能在数学中用到它，也可以通过为计算机编程来实现演绎程序。这种推理是说，如果我们知道苏格拉底是人，并且所有人都是会死的，那么我们的确可得出苏格拉底终有一死。在给定前提的情况下，结论绝不会出错。其中的确定性类似于，如果某人是单身汉，那他必定未婚，或者类似于2加3等于5。尽管福尔摩斯聪明且才华过人，这显然并不是他常常用到的那种推理方式——粗心女仆的行为可能很好地解释了华生靴子上的剐痕，但这肯定不是靴子磨损的唯一解释。

事实上，我一直乐于想象阿瑟·柯南·道尔作品的某些地方存在一系列来自《福尔摩斯历险记》（*The Adventures of Sherlock Holmes*）中被剪掉的镜头，福尔摩斯在他所谓的演绎法上崭露头角，却被华生指出这一切的荒谬之处，进而挫一挫他这位令人难以忍受的同伴的威风。"真是胡说八道，福尔摩斯，"华生惊叹道，"我几天以前翻越栅栏的时候把靴子剐到了，通常我不会做如此愚

图4.1 "福尔摩斯拔出了手表"（*Holmes pulled out his watch*），作者西德尼·佩吉特
（Sidney Paris），摘自 *The Strand Magazine* (September 1893)。

图4.1："胡说，"华生说。

蠢的事，但当时的天气真好，我没忍住孩子气般的冲动。我完全
放弃了你所了解的医疗行业，并且干起了采蘑菇的新行当。事实

上，我只在今天早晨出门采了蘑菇，刚好碰到了疯长的天使帽菇（Angel's Bonnets）——福尔摩斯，我相信你一定知道，它是碘仿的天然来源，你不会弄错它们的气味的。我不想弄脏夹克的衬里，自然就把它们放在帽子下面，这解释了持久的气味和帽子不寻常的突起。我手指上的污渍只不过是收银员支票上的墨水，因为我刚收到一家时尚餐馆购买蘑菇所付的款项。"

或许，华生只是悲伤地看着福尔摩斯，摇摇头，"恐怕不是这样，老男孩。我多年不从医了，但今天早上不得不和一位满是消毒剂味道的人同乘一节车厢，我打赌他是医院的护理。这对其他乘客而言的确不够体谅，我自作主张提醒了这个家伙。于是，我们扭打起来，尽管我最终给了他一顿好打——福尔摩斯，我在部队待过，你知道的——但靴子遭到剐蹭，大礼帽也遭了殃。帽子上面难看的鼓胀就是我试图将它打回原形的结果。我们抵达滑铁卢后被警察传唤，我被迫签了一份声明，解释这全是那家伙的错。正如你所见，我的手指上仍残留一些墨水，而且那股可恶的气味从伦敦周边开始就一路跟着我。"

阐明上述观点的另一种方式就是注意到福尔摩斯的著名论断，即一旦你消除了不可能，则其余所有可能——无论多么不可能——都必然为真。这确实为我们提供了展示演绎推理的简单办法。如果你真的已经消除了其余所有选项而独留下一种，那么，你的结论的确在逻辑上无懈可击。问题在于，我们的大侦探实际上没这么做，并且，我们有充足的理由表明，对于你试图解释的任何事实，在你抵达真相以前需要消除的其他可能会多到无法想象，采蘑菇和在列车上卷入斗殴都只是冰山一角。

因此，无论福尔摩斯做了些什么，那都不是演绎。事实上，这也无伤大雅，因为我们在第一章讨论波普尔的作品时已经看到，将演绎作为科学方法提供的解释是多么失败。毕竟，证伪主义的整个观念本身就是消除不可能并最终达至真相的例子。正如我们所见，证伪一个科学理论并不是一件简单的事。无论理论无法被验证的可能性有多大，我们总有办法找到其他因素来为它开脱。例如，如果我们正在测试行星运动理论，我们总是可以把观察数据上的任何偏差归咎为设备故障、粗心的助手或者无法预见的意外干扰等等。也就是说，我们不仅需要消除某种任意的行星运动理论，还需要消除测量设备的精度、流浪小行星的存在、懒惰的研究生的错误，灾难性的地外火山活动以及此前未能注意到的额外行星等众多可能性所带来的疑虑。因此，正如福尔摩斯在得出结论之前从未真正消除所有不可能一样，实践科学家也并不仅仅在证明理论为误的基础上推进研究。

但是应该清楚的是，福尔摩斯的程序也并不完全符合我们迄今为止为科学理论做出的其他任何说明，科学理论不仅仅是对数据进行纯粹、无偏见的观察，福尔摩斯的程序也不是，因为我们已经看到，它也无法为科学实践提供连贯的理解。事实上，终其整个冒险生涯，福尔摩斯常常注意到他与华生的观察是多么的一致，但他做出的推论却径直绕过了这位好医生的视线。当然，事实在于所有的观察都需要解释。托勒密看到太阳绕着地球转，而哥白尼则看到地球绕着太阳转。亚里士多德看到物体朝其自然的安息之所运动，而伽利略则看到物体在做惯性运动。尽管华生只看到自己靴子上的剐痕，但福尔摩斯却看到了一位懒惰且心怀不满的仆人所做的工作。

　　福尔摩斯的方法也不是简单的归纳法。他并未从过去观察到的一系列规律出发，推断它们将来会如何继续发展。福尔摩斯做出的所有推论都是独一无二的。他没有记录以前靴子剐蹭的日志，也没有对其原因进行详尽调查的清单。他也不会反思，自己以前调查过的靴子剐蹭案例八成是粗心的仆人造成的，并由此对华生应该开除仆人的可能性做出论断。福尔摩斯也并未在精心控制的实验基础上做出推论。在《波希米亚的丑闻》（*A Scandal in Bohemia*）中，福尔摩斯从没有为华生提供大量相同的靴子，进而要求他在一周里不同日子的不同场合穿着它们，以便为所有导致磨损和损坏的情况分离出一个共同因素。即便这个选项可行，他肯定也不会仅从谷歌上搜索答案。

　　　　　　　　　　　　　　　　　　　　被误解的科学

波希米亚附近的丑闻

那么，当福尔摩斯做出惊人论断之时，他究竟是在干什么呢？答案相当复杂，但幸运的是，我们可以在自己的华生医生的帮助下，逐步理解福尔摩斯做事的步骤。我们要讲的是出生在匈牙利的医生伊格纳兹·塞麦尔维斯的故事，他于19世纪40年代后期在维也纳综合医院行医。塞麦尔维斯的名气来自他是最早建议医生在检查病人之前应该洗手的人之一。这在当时真是个荒谬的建议，因为疾病能通过人体接触而传染这个假设不仅与既有的医学知识相抵触，还意味着医生——他们是有教养且受过昂贵教育之人，在其他任何方面都比你更有社会优越感，所以，请注意你的举止——可能远谈不上干净和优雅。这个故事也需要一些严肃的逻辑推理，这也是科学哲学家对黑色乌鸦和塞麦尔维斯的例子同样喜爱的原因。

刚到维也纳综合医院时，塞麦尔维斯的一个主要职责是监护第一产科诊所，这是一个为弱势和社会地位低下的妇女——我认为现代的说法是"妓女"——提供免费治疗的产科病房，免费是为了给医学生们提供宝贵的实践经验。隔壁第二产科诊所也提供类似的治疗，新来的助产生只有在这里才能得到训练。两个诊所的死亡率存在巨大差异。在19世纪，分娩是一件危险的事情，即便按照当时的标准，第一产科诊所也绝对是个危险的地方。在第一诊所，约有10%的母亲在分娩后不久便死于产褥热，相比之下，第二诊所的这一比例为4%。塞麦尔维斯记录了大量孕妇乞求进入第二诊所的场景——准入许可往往在一周之内轮替——很多人宁愿在大街上生产也不愿面对轮替。

可以理解，塞麦尔维斯明显被事态的严重程度吓到了，他立即开始系统调查第一产科诊所如此危险的原因。很快，他就排除了人们为他的诊所的糟糕表现提供的两种最流行的解释。第一个解释认为第一诊所人满为患，这对患者的安全产生了不良影响。这种解释的问题在于它直接就是错的——第二诊所实际上比第一诊所更加拥挤，原因恰好在于所有人都知道它更加安全（想想那些宁愿在大街上生产也不愿冒风险的绝望母亲）。第二个解释认为，维也纳综合医院正面临不健康的瘴气的影响——它是疾病、恶习以及通常所谓肮脏生活共同编织的迷雾，它不仅是现代细菌理论的更早说法，也是布尔乔亚们基于一揽子伪科学说法蔑视工人阶级的具体表现。问题在于，即便这种说法为真，它也不能为第一诊所相对第二诊所更加糟糕提供任何解释。

在穷尽了针对这个问题的已有医学专业知识后，塞麦尔维斯被迫开始提出自己的假设。两个诊所的一个明显差别当然在于，一个诊所有医学生，另一个有实习助产士。因此，塞麦尔维斯推测，也许医学生对病人的检查比助产士更加潦草，因为他们全都是男性，可能在医治女性患者时不那么细致且缺乏相应的经验。然而，如果真有什么区别，那也应该是许多助产士比书呆子气的医学生粗心和

被误解的科学

草率得多才对。另一个区别在于，第一诊所的女性都是仰躺着分娩的，而第二诊所的女性则采取侧躺分娩。塞麦尔维斯想不出这种情况如何造成了不同，但他还是指示两个诊所所有的分娩都应该以同样的姿势完成——这是控制变量的很好示例——但很遗憾，这对死亡率并无影响。

塞麦尔维斯更富想象力地指出，两个诊所的布局有所不同，而且它们与医院其他部分的相对位置也不同。更具体地说，他注意到，如果一名牧师来医院为上层病房中的病人做临终祷告，他必须径直穿过第一诊所的中庭，无须经过第二诊所。因此，塞麦尔维斯猜想，有可能一脸肃穆的牧师在经过第一诊所的时候让病人体会到了强烈的恐惧，进而使她们更容易患病和被感染。牧师按照要求改变路线，塞麦尔维斯则仔细地记录了他的诊所在这之后发生的死亡案例。但同样，这一切似乎并未产生影响。

在后来的一场意外中，塞麦尔维斯取得了突破性进展。有一位同事尸检时不小心割伤了手指，出现产褥热似的症状，最终死于此病。他指出，关键之处在于，尽管在第一诊所的医学生会轮岗并解剖尸体——而且通常尸检完就立即去照顾准妈妈们——但这明显不是第二诊所中的助产士需要接受的训练。塞麦尔维斯由此推测，第一诊所的许多医学生将太平间内尸体上的"尸体物质"传给了诊所的母亲，而这正是造成致命感染的最终原因。医院为医学生们制定严格的消毒制度后，第一诊所的死亡率最终显著下降，甚至低于第二诊所。[24]

　　这整个故事中需要注意的是，塞麦尔维斯的推理既不涉及归纳外推，也不涉及演绎消除。他不能简单地为产褥热肆虐的第一诊所找出所有可能的原因，并排除至仅剩一种，因为，可供选择的原因实在太多了。他也没法观察多个不同的产科诊所所采纳的多种不同的医疗程序，进而将其全部纳入某种算法。实际上，塞麦尔维斯似乎在很多方面将科学方法整个颠倒了。很自然地，我们会把某种解释作为可做出预测的成功科学理论的一种推论。我们搜集数据，并以之为基础建立理论——也许是从数据中外推，又或者是排除了那些无法与数据兼容的理论——然后，我们从理论所采用的核心概念出发提出解释。与建构科学理论并用它解释眼前的证据不同，塞麦尔维斯以提出某种解释为起点，进而用它来建构理论。如果从太平间传到诊所的物质是感染的重要来源，那么，这就为医学生会承受比助产士更高的风险提供了很好的解释——就像华生的确有一位粗心的女仆一样，这解释了他的靴子刮蹭的原因。当我们对何为解释有了深入理解，才会知道相关证据究竟是什么。对塞麦尔维斯以及对福尔摩斯来说，一个可得出好的科学理论的解释就是令人满意的解释，而不是相反。

　　实际上，这种推理风格隐含在许多科学实践之中，尽管它并不总是与上一章讨论的更简单的归纳例子形成明显区分。这种推理方法的古老名称为"溯因推理"（abduction），如今它以对读者更为友好的名字"最佳解释的推理"（inference to the best explanation）继续存在，其含义与你看到的字面描述一样。很简单，这种推理方法认为，我们应该推论出科学理论的真实性，从而为现有证据提供最佳解释——无论这个理论是否提供了唯一可能的解释，也不管它是否从证据中得出了最自然的外推方式。举个简单的例子，托勒密和哥白尼天文学让我们能够以大致相同的准确度预测行星在将来所处的位置，但它们对行星为何会出现在预测中的某个地方给出的解释却有着根本差异。根据托勒密的说法，这是因为行星按照以地球为中心的一系列（复杂的）本轮旋转；根据哥白尼的说法，这是因为行星按照以太阳为中心的一系列（同样复杂的）本轮旋转。以大致相同的方式，塞麦尔维斯也考虑过许多不同的理论——至少一开始如此——它们似乎都对他的产科病房中产褥热的不同发病率做出了预测，尽管这些理论提出的解释范围包罗万象，从笨拙的医学生和宗教焦虑，到分娩姿势、流行病影响再到尸体物质等等不一而足。从更宽泛的角度看，我们要认识到，良好的科学实践往往难以在任何特定的规则和章程中发挥作用，到头来，我们还是需要通盘考虑良好的判断、直觉以及总体合理性等因素，从而为研究提供指引。

再举一个例子，科学界广泛接受的自然选择原理明显是最佳解释的推理的一个例子。现有的证据——生物复杂性及其不同程度的环境适应性——当然在逻辑上并不必然得出当代生物学的世界观。毕竟，到目前为止，我们大部分讨论的起点都是因为不存在任何其他与这些证据逻辑上兼容的备选解释。事实上，最近一些创世论的变体在很大程度上已被巧妙地设计，从而能够尽可能多地容纳当前的证据。然而，同样清楚的是，科学对自然选择作用下的进化的信心与从证据外推的传统归纳法几乎无关。毕竟，只存在一个可供思考的自然世界，这多少增加了我们得出任何普遍结论的困难。同样，我们也难以开展任何与生命初始条件相关的受控实验。原因在于，是基因突变和环境压力导致的缓慢进化，而非全能创造者的工作为生物复杂性提供了更好的解释。当然，许多创世论者可能对进化是否真的提供了更好的解释持不同意见。然而，重点在于，众人似乎就是以这种方式推理的。

科学地解释科学的成功

人总是忍不住将科学方法还原为一套具体的规则或算法。仅当我们能提出好的科学实践的具体方法，才能用同样的工具或技术为其他不那么成功的研究领域提供助益。调查和实验的整个过程最终都可以系统化和标准化——人们只需按照包装说明书进行操作，大自然的秘密迟早会呈现在你眼前。然而，真相在于，好的科学实践往往更像一种平衡行为。有时候，我们让最佳解释指导我们选择理论，而不是让我们对理论的选择决定哪些解释可用。这是一个给予和接受的问题，而且它往往更多地取决于相关科学家的敏锐度和洞察力，而与任何预定的原则无关。

承认多数科学研究的"福尔摩斯"性质，并且，接受最佳解释的推理对科学方法论的重要性是一回事，确定它是件好事则是另一回事，我们有理由怀疑最佳解释的推理是否真的为我们选择科学理论提供了可靠的引导。虽然它在塞麦尔维斯的例子中发挥了作用，但似乎也只是简单地重新引入了人类的全部弱点——我们的猜想和直觉，更别提一个解释胜过另一个这种模糊和无法量化的观念了——我们希望科学方法的严格应用能将其全部消除。然而，事实证明，科学方法最终建立在溯因推理或最佳解释的推理基础之上的观念，实际上为科学理论的可靠性和一般意义上的科学真理提供了非常著名的论证。

虽然你会在很多不同地方发现与这种思路有关的例子，但这个论证最早的现代阐述是由澳大利亚哲学家J.J.C.斯玛特提出的。[25]它本质上是一种合理性论证（plausibility argument）。首先，我们观察到科学理论在广泛的应用中非常成功，从它们对未来的预测，到以它们为基础的技术进步等。每当踏上飞机、打开电脑或者服用医生为我们开的指定药物时，我们都在依赖这些理论。简而言之，科学是有效的。那么，假设我们的科学理论必然为真，质子和电子的确存在，科学家在调查外部世界时的确是可靠的，这一切似乎都是合理的。对于科学成功的整个图景而言，唯一的替代解释就是将这一切归结为运气。如此，我们就不得不设想关于物理学的一切都彻底错了——但当我们制造飞机或组装电脑的时候，所有这些错误又成功地相互抵消，我们每分每秒都是靠着不断眷顾的好运才能避免某种痛苦的死亡。从这个观点看，科学的成功就是斯玛特所谓的"宇宙尺度的巧合"（cosmic coincidence），但他直率地唾弃了这种可能性。

我们甚至可以更进一步。人类毕竟只是自然世界的一个部分，我们的认知过程——我们的信念、欲望以及我们选择以之行事的方式等——与其他任何自然发生的现象一样，都是科学研究的合法领域。特别地，我们为了解释周遭世界而构建的科学理论本身也可以进一步成为科学研究的对象。就像动物学家可以研究不同动物对环境的反应方式，人类学家可以研究我们进化论上的遥远祖先的原始工具，认知心理学家也可以研究我们信念的形成机制，并调查它们是否可能起作用。

于是，情况就变成了，我们询问科学理论的可靠性这件事情本身就是一个广义上的科学问题。这让我们可以对斯玛特一开始的观点做出有趣的讨论。因为我们不仅可以认为，设想科学理论近似为真在哲学上更为合理，而且事实上也可以认为，假设科学理论近似为真在科学上也更加合理。原因在于，科学理论的真值就是对它们自身预测成功的最佳解释——正如我们所见，好的科学实践通常被认为可得出最佳解释的真实性。基于斯玛特的最初看法，美国哲学家希拉里·普特南进一步认为：

> 科学理论近似为真是唯一让科学的成功避免被归于奇迹的哲学形态。成熟科学理论中的术语通常是说……其所接受的理论通常近似为真，同样的术语哪怕在不同理论中也有相同的所指——这些陈述并不被视为必然真理，而是被视为科学成功之唯一科学解释的组成部分，因此也被视为对科学，同时也是对科学与其研究对象之关系的充分描述。[26]

为自然世界建立理论是一种科学现象，并且根据最可靠的科学方法，我们有充分的理由相信这是个可靠的过程。

沿用普特南的说法，这种推理在当代文献中又称"无奇迹论证"（No Miracles Argument）。众多科学哲学家——包括我自己——在大部分职业生涯里都想确定它是否是个好的论证。这样做之前，重要的是弄清楚这个论证究竟想要说什么。这个论证并不是为了说服顽固的怀疑论者相信科学告诉他们的事情。毕竟，这个论证总有点循环论证的感觉。因为它是通过科学的方法证明我们的科学实际上是可靠的。如果你尚未接受科学大致就是提供关于周遭世界的可靠知识这件事情，你很可能不会相信科学本身告诉我们它是可靠的这个结论。这就好比特别不值得信任的政客仅仅因为保证他这次说的是真话，我们就突然相信他一样。

相反，这个论证试图表明，"科学理论通常都可靠"这种信念是某种连贯世界观的组成部分。我们有充分的科学理由相信科学理论并非板上钉钉的事实。某些研究世界的方法实际上是自我挫败的。例如，有人说所有灵媒都是骗子，因为当地的塔罗牌解读者从卡牌上看出了这一点；又或者有人认为我们不应从现有证据中做出归纳推论，因为我们十分清楚，此前从过去做出的推断都失败了；或者举个更简单的例子，设想不被信任的政客与我们达成一致并宣布，所有政客都是骗子。

我们可能永远无法克服所有合理的怀疑，从而证明科学理论为真。世界很复杂，人是会犯错的。但我们能做的就是试图表明自己的信念总体上都是理性的。与科学方法论相关的一个最重要的机制是推论某种最佳的解释，进而将其作为构建科学理论的指南。我们可以将最佳解释的推理视为一种可靠的推理方法，因为它是连贯世界观的一部分。

基于进化的替代方案

上述推理旨在说明，科学方法论的细节，以及我们对它的批判性评价实际上可以相互促进。这是认识论上的反馈机制。我们首先论证了科学理论近似为真就是它预测成功的最佳解释，因此，我们有充足的理由相信科学理论的确是普遍可靠的。然而，认识到我们的论证是最佳解释的推理后，我们可能会合理地提问，为什么应该依赖这种推理方法。进一步调查之后，我们注意到，最佳解释的推理其实是我们日常科学实践的普遍特征——我们已经相信这种实践产生了近似为真的科学理论。因此，科学方法必然是可靠的，这尤其意味着最佳解释的推理也必然可靠。并且，如果最佳解释的推理可靠，那么，我们就证实了最初的结论，于是我们又在哲学上绕了一圈。

这当然是令人智性愉悦的活动，但是世界观的内在一致性并不意味着它就是正确的。也可能存在其他可供选择的连贯世界观。也许华生最近真的再次行医，也把听诊器藏在了大礼帽里，还雇了一个粗心的女仆。又或者他为了采蘑菇带来的兴奋放弃了这一切。事实很可能是，自然选择作用下的逐步进化是生物复杂性的最佳解释——反过来这个信念又为相关理论所依据的科学方法担保了可靠性。但同样地，一个坚定的创世论者可能会认为神圣的天意为生物复杂性提供了最佳解释——而因为他的方法论原则也要求他应该将《创世纪》作为世界起源的真实描述，于是，他也能骄傲地拥有一个积极支持其推理的内在连贯的世界观了。

但也许更重要的是，上面提到的无奇迹论证实在过于抽象，几乎无人会真正认可。主张科学实践在于推断最佳解释的真实性是一回事，反过来，因为科学理论的成功而成为最佳解释，进而认为它为真又是另一回事。然而，如果对两种解释哪种更好，以及对何种解释实际上被最成功的科学实践所青睐缺乏更为具体的理解，我们就无法在进化论者和创世论者之间做出抉择，也没有任何理由认为华生是在行医而不是在花时间采集稀有蘑菇。

那么，看似成功的科学究竟有什么更加具体的科学解释呢？按照哲学家巴斯·范·弗拉森的说法：

> 科学的成功并非奇迹。科学的（达尔文主义者）头脑甚至对此无动于衷。因为任何科学理论都注定要面对激烈的竞争，一片充满了血红爪牙的丛林。只有成功的理论才能传递下去——它们实际上已经抓住了自然界的真实规律。[27]

这个想法是说，如果我们真的严重依赖最好的科学理论，并将它作为诸多哲学思考的指南，那么，我们就应该查看这些科学理论的细节。特别是，现代科学了不起的智性成就在于，认识到有序系统可以是竞争环境中的随机演变的结果——而不必是全能的代理者让一切都按照正确的方式相互组合的结果。因此，为了解释科学理论的成功，我们不必假设这些理论为真，也不必认为科学方法特别可靠。我们只需假设某种机制起了作用，不成功的理论因此被排除。

斯玛特认为，如果科学理论并不近似为真，那我们所有人都不可能正常地生活下去。但是这种说法过于简化，因为大量错误的科学理论仍然在很好地发挥作用。从学术上讲，牛顿力学是错的，这也是爱因斯坦的相对论取而代之的原因，但是若应用范围有限——速度明显低于光速运动的系统——其预测也相当接近事实，无人会注意到差异。当然，解决之道在于，找到仍然在相关应用范围内起作用的错误科学理论。但现在假设，我们着手讨论大量不同的科学理论，它们都对世界提出了无法兼容的主张，随着时间的推移，一些预言会被证实，其他的则被证明为误。每当出现这种情况，我们就去掉不成功的理论。可以断言，这些理论被证明很不适应环境，并且已被淘汰。然而，在任何特定时刻，我们讨论的所有科学理论在预测上都是成功的——并非因为它们为真，也不在于科学方法的可靠性，而仅仅在于我们选择了那些预测成功的理论。

实际上，一旦我们考虑到自己偏爱的理论，就会出现有待进一步思考的东西。例如，认知心理学表明，人类的推理常常依赖那些有助于简化复杂计算的一系列启发式方法。[28]以知觉为例，我们对物体距离的判断常常基于它在我们眼中的清楚程度，物体的图像越清晰，距离就越近。这在众多例子中都以大致既定的预设起作用，但它也可能让我们误入歧途，这使得人在可见度差时高估距离，因此，汽车后视镜有预警功能。

这种情况也适用于我们在不确定的情况下所做的判断。福尔摩斯推断他的朋友华生医生重操旧业时，他所做的就是概率判断。更具体地说，他基于朋友外表上的显著特征做出概率判断，例如医院消毒剂的气味，手指上的硝酸银污渍，以及大礼帽中不正常的突起等等。所有这些特征很自然地能与19世纪后期的医生联系起来——随之出现的可能还包括富裕的家庭背景，上了所好大学，甚至还留有精致的小胡子等。换言之，福尔摩斯是根据华生在当时的医生群体中的代表性下判断的。让样本的代表性指引我们做出概率判断是常见的认知启发方法。如果很大比例的医生都散发着消毒剂的气味，那么，某人散发着消毒剂的气味也增加了他是医生的可能性。这是人类大脑擅长的识别模式，即某种同类比较的方式，它也为评估困难的概率提供了便捷而称手的经验法则。当然，它的问题与其他任何启发式方法一样，也可能极不可靠。

概率游戏是一个典型例子，它展现出对"代表性"的认同可能让我们误入歧途。我们都知道，如果投掷一个无偏硬币（unbiased coin）的次数足够多，正面朝上与背面朝上的次数大

　　　　　　　　被误解的科学

致相等。然而，这并不意味着，无论投掷硬币的时间多短，正面与背面出现的次数都完全相等，也就是说，我们没有理由认为仅投掷10次，正面和背面出现的次数也相等。尽管如此，我们也会出自本能地认为，得出连续正面结果的可能性低于相等的混合结果，其中的原因在于，正面和背面次数相等对我们而言更能代表整体结果。但正是这种推理引导我们走向了著名的赌徒谬误（gambler's fallacy）——我们看到轮盘赌轮出现红色的次数越多，就越可能认为下次会出现黑色，于是，我们在赌场输掉的钱也越多。

另一个例子则与我们目前关注的问题有着更直接的关系，即我们通常让关于代表性的判断僭越其他概率考虑的方式。众所周知，如今的成年人大多在办公室而非户外的农场工作。然而，如果有人告诉我们，查理是个身材魁梧的大个子，脸上饱经风霜，双手粗糙有力，我们会本能地认为查理更可能靠田地过活，而非在办公桌上从事文字工作。毕竟，农场工作要干重活，而整天坐在办公桌前往往会背部劳损。仅仅出于论证的需要，我们假设仅有少数办公室人员脸上饱经风霜，双手粗糙有力，但也有可能他们业余时间从事园艺工作，或者热衷户外运动。问题在于，如果文字工作者的人数比农民人数多，那么这部分"粗糙的"文字工作者仍有可能多于农民的总数。如果情况属实，查理更有可能是位文员而非拖拉机手，无论他有多符合我们对农民的刻板印象。

这种错误又称基率谬误（base-rate fallacy），它试图做出概率判断，却忽略了相关事件的先验概率，或者基础概率。例如，在20世纪50年代，德裔精神病学家弗雷德里克·沃瑟姆就主张，漫画书对青少年产生了负面心理影响，理由是他的诊所接诊的大多数问题少年都是重度漫画书迷。他的畅销书《天真的诱惑》（*Seduction of the Innocent*）通过谴责超人为法西斯主义者，以及对蝙蝠侠和罗宾的关系做出讽刺暗示等方式支持自己的分析。尽管如此，沃瑟姆笔下的相关性还是令人震惊的，然而等到大家对此有所认识的时候，美国大约90%的青少年已经是重度漫画书迷了。沃瑟姆的论证因此是基率谬误的经典例子，因为近期大家对电视、摇滚乐，甚至20世纪80年代以来的全部动作电影——尚格·云顿在电影中对坏人拳打脚踢，甚至从腹部将其劈成两半，但这绝对没有对小时候的我产生任何影响——的担忧也犯了同样的错误。

现在让我们再来看看上面提到的无奇迹论证。它主张，对科学成功的最佳解释在于理论大致为真，因此，科学方法通常是可靠的。我们现在可以看到，这个主张背后的直觉是代表性。一方面，任何真实的科学理论极有可能取得预测上的成功；另一方面，任何错误的科学理论极不可能对世界做出任何准确的预测。因此，我们本能地认为，预测成功的科学理论更可能为真。但这不过是重蹈了基率谬误的覆辙。一切都取决于我们必须考虑多少种科学理论，以及其中任何一个为真的可能性。正如范·弗拉森在上述引文提到

被误解的科学

的，假如我们考虑了足够多的不同科学理论，从而系统地清除了眼前的困难，以至于最后得到的理论是成功的，这也并不令人惊讶。我们可以从基率谬误的角度表达同样的观点。假设真实的科学理论预测成功的可能性非常高，而虚假科学理论相当低，与此同时，就科学理论的整个范围而言，假设错误科学理论的数量远远超过了真实情况，于是，成功但错误的科学理论很可能在总数上比成功而真实的科学理论多。如果的确如此，那么，预测成功的科学理论更可能为假。

这一切都可归结为科学理论的总体样本数。一方面，如果样本中多数理论为真，那么无奇迹论证就说得通。另一方面，如果这些理论多数是错的，那么无奇迹论证就讲不通。接着，为了恰当地评估无奇迹论证，我们需要了解潜在科学理论的整体分布情况。我们要对总体样本中的任一科学理论都有所了解，比如该理论为真或假的可能性等。而我们对此压根儿一无所知。事实上，这是建构无奇迹论证首先要面临的重要问题！在这个论证成立的情况下，我们才能相信科学理论为真——但现在的情况表明，为了让这个论证有效，我们需要知道科学理论是否为真。多年来，科学哲学家们在无数著作和期刊论文中煞费苦心地调整和推进这个思路，压根儿就是浪费时间。

推理、解释和科学的奇迹

福尔摩斯对朋友的私生活作惊人之语的时候，他实际上是在对当时的情况做出一系列概率判断。更具体地说，他是在样本代表性的基础上做出一系列概率判断。他的结论是，华生必定已经重操旧业，因为他身上有医院消毒剂的味道，而当时多数医生都带有类似的气味。然而，福尔摩斯的这种做法却依赖于一种非常容易出错的认知启发方法。鉴于在维多利亚时代的伦敦，营业的医生比例相对较小——至少与那些以各种方式接触到碘仿的全部职业相比是如此——因此，就其身上的消毒剂气味而言，华生做回医生的可能性实际上很低。

当然，福尔摩斯与我等凡人相比还是有很大优势的。他不仅是拥有大量秘密线索和高质量可卡因定期供应的冷酷计算机器，最重要的是，他是一位虚构人物，其行为受无所不能的作者指引，后者可担保他的认知推测总是完全正确。对于这位世界级的伟大侦探而言，基于样本代表性所作的概率判断并不是为节省时间而设计的应急式启发方法——它实际上是一种高度可靠且经过精心校准的智能技术，从而为外部世界提供无可怀疑的知识。换句话说，福尔摩斯可以继续自鸣得意地做出"基本"的演绎推理，是因为他的文学创造者已经保证了基础概率总是对他有利的。

遗憾的是，现实世界中的生活并不总是如此简单。我们在认知

被误解的科学

能力和周遭世界的精校方面都没有福尔摩斯那样的担保。上述各种例子都是这种不幸事态的明证。但这种情况有着更深层次的解释。根据最好的科学理论，人类是从更简单的生物进化而来的，其认知能力是在险恶环境中无尽试错的结果。这样的选择压力并不保证会出现一整套旨在为我们呈现关于周遭世界的可靠而准确的信息的智能工具，它能保证的只是我们能在这个世界存活的智能工具——二者并不总是同一件事情。将余光所到之处的任何细微动静都看成老虎存在之证据的先民，终其一生都在小心逃命，他会比更有辨识力的同伴有更大的生存机会，因为一个小小的错误就会让个体从基因库中永久消失。[29]

因此，进化可能会青睐躲避危险的个体，而不是那些能正确识别危险的个体。另一个问题在于，无论我们的认知能力多么可靠，它们都是从极其有限的环境和条件中进化而来的。于是，我们有理由怀疑这套智能工具是否仍能处理现代的问题。达尔文本人就曾有过这样的担忧。他在1881年给朋友威廉·格雷厄姆的信中承认：

> 我总会强烈怀疑，从低等动物的头脑发展而来的人类头脑中的信念是否有任何价值，或者值得给予任何信任。如果猴子的脑袋中存在任何信念，是否有人会相信它？[30]

我们早期的祖先一生中的大部分时间都在塞伦盖蒂大草原上狩猎大型动物。因此，可以合理地假设，我们的认知能力在发现光线充足的平原上低速运动的中等物体方面是可靠的。然而，这些专业知识并不容易体现在现代科学领域，而在物体速度快到出现时间膨胀，或者物体小到具备波粒二象性时尤其如此。而这只是现代物理学的表层。我们为何要假设这种智能有任何价值呢？

所有这些都为无奇迹论证做出了非常不同的解读。根据斯玛特和普特南等哲学家的说法，我们有充分理由认为科学理论基本上是正确的——因此，产生它们的科学方法也必然普遍可靠——原因在于，如果科学理论并不近似为真，它们的成功就会是奇迹。然而，一旦我们开始反思自身认知能力的进化史，以及这些能力可能出错的各种方式，世人就很可能会想把这个论证整个推翻。别去管预测上的成功：如果科学理论无论如何都是对的，这才是真正的奇迹。

然而，这种推测的结果有点自相矛盾。我们似乎已经得出一个论证，并且达到了不应相信科学理论为真的效果——但这个论证本身却建立在同样的科学理论的结论之上。事实上，人类进化和认知心理学的最佳理论似乎都表明，我们应该对科学理论的内容持怀疑态度，进化生物学和认知心理学也包括在内。我们似乎有点乱作一团了。

那么，我们该如何协调这些事态呢？哲学家阿尔文·普兰丁格就此提出了一个有趣的建议。[31]他认为，如果我们仅取科学理论的表面价值——包括人类从简单的生物体进化而来的信念及其全部后果——那么，我们在某种程度上就要保证，得出这些科学理论的认知启发法并未让我们误入歧途。唯一能让我们确信的方法（就像福尔摩斯一样）就是，设想有人精心安排了各种事情，于是基础概率总是对我们有利的。简而言之，普兰丁格认为宗教般的信仰是理解当代科学成功的不二法门。

这自然是令人惊讶的结论。大家普遍认为，科学和宗教必然相互冲突，正如进化论者和创世论者的冲突所证明的那样。但普兰丁格并非创世论者，相反，他是现代科学的热切拥护者。但他认为，如果进化论为真，那么，我们就有理由认为自己的认知能力依赖不可靠的启发——并且，如果情况的确如此，那我们得出的任何科学理论都极不可能为真。（唯一的出路在于，假设对人类智能中的所有偏见和错误而言，世界的组织方式刚好以某种方式让所有错误相互平衡。对普兰丁格而言，这的确需要奇迹的担保。）

然而，我们可能会得出一个更为玩世不恭的结论。也许所有这些纷争表明，我们实际上难以研究科学的本质。按照抽象程度的不同，诉诸科学方法的论证需要科学方法表明它自身是可靠的，而援引科学理论的论证则告诉我们不应相信科学理论。在这两种情况下，我们都试图研究科学的本质，但同时又承认，科学本身提供了此种研究的最佳指南。因此，整个问题实际上都被限制在了一个十分狭窄的范围内，我们永远都只能从一开始准备投入其中的研究中得出结论。

科学是我们研究世界的最佳方式。如果我们遇到了更好的方法——茶叶占卜或者水晶球占卜等——就会通过实验检测它们，直到它们成为科学的另一个方面。因此，我们在尝试揭示深层含义时，会发现自己在反复敲打智性的基岩，这并不奇怪。那么，结论可能就是，我们根本无法合理地对科学方法做出任何值得一说的研究，因为根本不存在别的开展此类研究的角度。这肯定不是一个令人兴奋的结论。但有时我们在世界上取得进步并非因为提供了更好的答案，而在于发现了那些值得提出的问题。

　　　　　　　　　　被误解的科学

第五章

不同世界的生活

1905年9月，爱因斯坦发表了他的狭义相对论。对于主要关注真空中光速的理论——时速大约7亿英里（约11.2亿公里）——其结果影响深远且令人震惊。也许最重要的是，这个理论意味着，我们此前熟悉的时空观念实际上并不像从亚里士多德到牛顿等物理学家设想的那般绝对和恒定不变，这些观念明显需要重新思考。根据狭义相对论，两个不同物体的距离以及事件持续的时长都会因观察者的不同而有所不同，这取决于他们自己的参照系。这不仅是因为不同的人经常会对事实持不同意见，就像颜色在不同光线下会发生变化一样。例如，根据狭义相对论，你的运动速度越快，时间的流逝就越慢，这意味着对抗衰老的一个有效方式就是以令人难以忍受的速度开展星际旅行，因为到你回家的时候，你的年纪会远远小于我们这些留在地球的人。

然而，尽管有各种非直观的后果，狭义相对论在很多方面也表现得有些保守。它并未引入任何新的数据或实验结果，也没有假设任何新的规律或数学原理。相反，爱因斯坦提出的是一种思考旧现象的新方式——一种巧妙地理解现有科学成果的新框架。更具体地说，狭义相对论为调解确立已久的力学和运动原理提供了新策略，这些原理源自17世纪伽利略的工作，詹姆斯·克拉克·麦克斯韦于19世纪末建立的电磁学对它们又做了进一步的推进。以同样的方式，牛顿已经证明了地球和地外现象纳入同一套力学原理之中如何可能，反过来，爱因斯坦证明了，这些类似的力学原理自身与新的电和磁的概念一并纳入某种单一的物理框架如何可能。狭义相对论无疑是一项天才的发现，但它在很多方面仍只是科学事业的内部事务，它不仅简化而且扩展了世人对科学的理解。

然而，爱因斯坦的理论却引发了异常激烈的反应，且并非一致好评。狭义相对论尤其在科学界内部面临很大的阻力，他们强烈抗拒挑战自己珍视的世界观（或者就是他们的名声和源源不断的资助）的任何事物，正如300年前伽利略的情况一样。因此，很多科学家抱怨爱因斯坦的理论没必要如此激进，并且与常识中的基本原则相冲突。一些科学家甚至抱怨这个理论包含了过多的数学，因此困难到无人能理解的程度。哲学界尤其心烦意乱，他们长期以来都把牛顿提出的时空恒常不变这种不容置疑的第一原理当作立身之基，并且对此展开了漫长而不切实际的思索。因此，哲学家们在一定程度上也被狭义相对论——更不用说几年后从经验层面对它的证实了——吓了一跳，因为它认为牛顿的主张在经验上是错的。

然而，最令人惊讶的是公众对狭义相对论的热烈讨论和尖刻谴责。虽然爱因斯坦原始论文的读者在很大程度上仅限于其他科学家和学界专家，但到他发表广义相对论——它把狭义相对论的结果做了推广，进一步涵盖了加速度运动和万有引力原理——的1915年，这个观念逐渐在社会中传开了。1920年，爱因斯坦在给他的朋友和合作者马塞尔·格罗斯曼的信中谈道：

被误解的科学

> 这个世界就是个奇怪的疯人院。目前，所有的车夫和服务员都在争论相对论是否正确。众人在此事上的信念取决于他们的政党身份。[32]

回头看，或许这种情况并没那么难以理解。德国战后时期的社会本就动荡不安。就政治上的进步而言，相对论就像令人欢欣的新鲜空气。它推翻了既有的惯例，为未来开创了令人兴奋的可能。这的确是个与过去决裂的美丽新世界。然而，对于更为保守的人而言，德国在此前战争中的失败仍令人感到扼腕，他们急于寻找可以归罪之人，一个代表了当时社会全部错误的人。保守主义者厌恶魏玛共和国特有的道德颓废和艺术实验，并把时空相对论视为这个政府毫无原则地放弃理性、秩序和传统家庭价值的另一个方面。更糟的是，爱因斯坦本人就是一个直言不讳的和平主义者和社会民主主义者——刚好就是那种致力于破坏国家利益的人——当然，他也是一直存在且逐渐遍布世界的犹太阴谋论的一分子，这种阴谋论一开始就是所有这些问题的根源。

保罗·威兰德这位奇怪的人物最为激烈地表达了所有这些担忧，如今他已湮没在了科学史中。威兰德是一位来自柏林的工程师，他声称自己拥有化学博士学位，尽管没有证据表明他曾上过大学，甚至也没有证据表明他拥有高中学历。然而，他无疑是德国自然科学家协会的主席，这个种族单一的协会致力于保护纯粹的科学——尽管如此，他似乎也是该协会唯一的成员。1920年，威兰德在柏林音乐厅成功举办了一场明确旨在谴责爱因斯坦相对论的会议后，也短暂地臭名远扬了。发表主题演讲的过程中，威兰德变着法地主张这个理论是错的；就其有限的理解能力而言，可能是真的；几乎肯定是错的；很大程度上是真的，但显然剽窃了威兰德自己的工作；绝对错误；最终，它过于不合逻辑，任何人都不能以任何方式谈论它（所有这些实际上像极了今天学术界的同行评议）。不管怎样，威兰德的结论是，相对论起初只是有些突出，因为爱因斯坦在世界范围内的犹太阴谋论中的亲信控制了主流媒体，他们用邪恶的计划来误导善良诚实的公众相信他们的卑鄙宣传。

这次会议标志着威兰德科学生涯的顶点。在20世纪20年代剩下的时间里，他主编了一本反犹杂志——并富有想象力地起名为《德国民族月刊》——还出版了一本有些成功但粗制滥造的历史作品，书中讲述了10世纪英勇的德国骑士对嗜血成性的斯拉夫人的正义屠杀。他的第二本书讲的是舞蹈的道德危险，尽管做过宣传，但很遗憾从未付印。作为企业家，威兰德曾前往纽约出售旨在从原材料中提取机油的特殊配方，失败后，他又前往斯德哥尔摩出售杀虫剂类产品。他试图欺骗挪威政府资助一次虚假的北极科考活动，并且还以研究热带疾病的名义在南美洲度了几年假，最后他在苏黎世试图援引外交豁免而拒不支付酒店账单时，引发了一次小小的国际事件。总而言之，威兰德因诈骗罪被定罪三次，尽管他那些反犹的资历无可挑剔，但纳粹党还是因为他身上的罪责拒绝了他的入党申请，最终还剥夺了他的公民身份。威兰德的行径展示了一种特别的肆无忌惮——以及十足的虚伪——于是，他立即移居西班牙，并声称自己受到政治迫害，最后他在慈善机构中苟延残喘了几年，而这个机构正是为了帮助那些被他这样的人驱逐出德国的犹太难民所建。1938年，威兰德移居奥地利。讽刺的是，几个月后纳粹德国和奥地利宣布合并，威兰德惊恐地看到纳粹国防军开到了维也纳街头，但官方仍把他归类为政治犯，威兰德旋即被捕，整个"二战"期间他都是在达豪集中营度过的。

我们无法让好人变坏——或者让坏人变好，就此而言——也几乎没有半点法子阻止威兰德这种愤怒的疯子。他在1945年被同盟军解救后成了美军翻译，后来逐渐成为反情报界的代言人。当有机可乘的时候他绝不会放过，威兰德利用自己的地位来恐吓和勒索无辜的公民，威胁要揭发他们同情纳粹的行为，除非花钱免灾。1948年，威兰德移民美国，在这里他终于能够重燃毕生的激情，他很快就向联邦调查局告发自己的流亡同胞爱因斯坦为共产主义者。接下来的调查——尽管最终毫无结果——仍然产生了将近1500页的笔录和推测材料，威兰德则是主要推手。1967年，威兰德回到德国薅社会主义医疗体系的羊毛，并于1972年因心脏病死去，卒年84岁。我想，这就是他充实的一生。[33]

尽管威兰德犯下很多罪孽，但他可能还是有些想法的。我并不是说爱因斯坦是骗子、剽窃者，也不认为某种满世界的犹太人阴谋控制了媒体。然而，相对论的成功应该更多归于社会和政治原因而非传统的科学标准，这在一定程度上仍有其合理性。毕竟，该理论并非基于任何新的现象或可观察的影响，它只是为现有的科学数据提供了新的理解框架。当然，世人后续也在一定程度上进行了实验验证，例如1919年爱丁顿的科学探险观察到日食过程中的光线曲折现象，就像广义相对论预测的那样，这个验证极大地加深了公众对爱因斯坦工作的了解（同时也让在维也纳长大的年轻人波普尔印象深刻）。如今，我们当然可以用更精确的手段证明时间膨胀的效应，例如对比静止的不稳定亚原子粒子与粒子加速器中接近光速的粒子的衰变率——粒子速度越快，时间的流逝也越慢，衰变期也越长——或者校正一对精确无比的原子钟，然后用超音速飞机载着其中一个满世界飞几次。但在20世纪初，这些技术少有现成的，而且大家也不太理解这些技术，再说，所有人都对相对论有想法。正如爱因斯坦自己注意到的，这个理论的接受程度似乎取决于众人"所属的党派"，这与大家对改进预测的能力或新的实验结果的看法一致。这种观点在许多现代大学部门中都引发了相当的热情，那些热衷强调我们生活中最不起眼方面的政治暗流的后现代学者尤其如此。如果情况的确如此，如果接受科学理论更多与政治信念有关而非审视证据，那

　　　　　　　　　　　　　　　　　　　　　被误解的科学

么，科学方法就会出现一些非常重大的问题。

寻找以太

继续深入分析以前，我们讨论一下爱因斯坦相对论背后的某些关键思想，也会帮助我们理解为什么威兰德等人会对其产生观念上的恐惧。19世纪，苏格兰物理学家詹姆斯·克拉克·麦克斯韦证明了光是一种特殊类型的波——它是从X光和微波跑出来的电磁谱的组成部分，经由可见光谱的各种颜色，直达另一端的紫外线辐射——并且确定了它的速度和其他重要属性。但剩下一个悬而未决的问题就是光波经由何种媒介传播。以声波为例，我们知道它可以通过我们周围的液体或空气传播，传播方式（大致说来）为单个分子的连续碰撞。但在光的例子中，似乎并不存在任何这样的物理媒介，它从遥远的恒星穿过极度缺乏这种分子的外太空。

因此，麦克斯韦主张，必定存在另外一种尚未发现的媒介让光线得以传播。这种媒介被唤作发光的以太，它能够渗透至宇宙的各个角落和缝隙，从而适应我们身边几乎无处不在的光波。正是因为以太无处不在，所以直到当时都无人注意到它的存在，就像鱼儿浑然不觉水的存在一样。尽管如此，如果以太的确存在，那合理的推断则是，我们必定有测量它的办法。特别是，地球在其绕日轨道上不停绕自己的轴旋转，似乎我们可以做出推论说，地球也必然相对于无处不在的以太不停运动，这反过来又蕴涵了某种实验结果。1888年，美国物理学家阿尔伯特·迈克尔逊和爱德华·莫利着手开展这种实验。

实验背后的想法不难理解。尽管麦克斯韦已经确定，波的速度由它穿过的媒介性质决定——这也是声音在空气中的传播速度比在密度更高的水中更快的原因——我们对波的相对速度的判断，也取决于自身在相关介质中的运动速度。例如，如果我们碰巧也在某个介质中往波源方向运动，就会得出波速比实际更快的结论，相反，如果我们在介质中往远离波源的方向运动，就会得出波速更慢的结论。以声波为例，我们可从警车疾驰而来然后呼啸而去时警笛音高的变化中看出这一点。如果光线经由无处不在的以太传播，那么我们应该能够监测到某种类似的变化，这取决于我们与这种迄今为止仍旧神秘的物质的相对速度。在迈克尔逊-莫利的实验中，光束被曲折并以不同的角度相向发射，它们在设备中会穿过一小段距离，然后再反射回光源处。如果实验装置的确相对于以太在运动——就像不停旋转的地球那样——那么，各束光线的相对速度也会不同，因为它们相对于以太的运动方向各有不同。不同的光束重新组合后，就会出现干涉模式，进一步分析干涉的程度并进行逆向计算，我们就有可能确定以太静止时的参照系，并进一步推论出它是否真的存在。

　　　　　　　　　　　　　　被误解的科学

但这个实验华丽丽地失败了。无论分析的结果准确度如何，也不管不同的光束有多少种，我们绝对探测不到任何干涉模式。如果光线果真经由无处不在的发光以太传播，那它必定有一些非常独特的性质，因为我们从来都无法分辨自己是否在相对于它移动。大家随后提出了大量巧妙的建议，并尝试用它们解释这种异常结果。一个建议是，绕太阳旋转的地球以某种方式"拽着"以太一起在动，就像船的尾迹翻起的水一样，这就是我们相对以太静止的原因。然而，我们难以解释为何实际情况就是如此，也难以解释来自遥远星系的光线为何没有表现出这种奇特事态导致的干扰模式。更有想象力的建议是，以太可能对研究它的设备产生影响，并且能够在我们相对它移动的过程中全面地扭曲我们的测量设备。例如，就迈克尔逊-莫利的实验而言，不仅不同的光束会因为地球在以太中运动而以不同的相对速度移动，而且实验装置本身也会在通过介质时收缩或扩展，由此，较慢的光束经过的距离就越短，这足以抵消任何预测的干扰。然而，这些建议引发的问题只会比它们所能解决的更多，尤其是，它们似乎只有在科学家无法提出更好的解释时才会被考虑。

相比之下，爱因斯坦的建议则是仅研究这些现象本身。他完全拒绝了无所不在的以太观念，也拒绝了光线经由任何其他介质传播的观念。这在许多方面都是对迈克尔逊-莫利实验的最简洁回应，而且还具备一个额外优势，即这个建议抛弃了起作用的神秘力量，后者专门欺骗支持以太理论的科学家。但这个提议还会产生别的不那么直观的后果。如果光可以不经由介质传播，那么，光的相对速度会因为观察者不同而不同的说法就没有意义，因为不同的观察者会朝着这种介质的不同方向运动的这种说法本身就毫无意义。因此，光速对于所有参照系而言都是恒定的。但这会进一步导致更加抽象的后果。我们的很多日常经验都建立在以下观念之上，即物体的相对速度会因为我们自身的运动速度而不同。例如，如果我朝一辆加速的汽车迎面跑去，你朝远离它的方向跑去，我们很自然就会在汽车需要多久才能与我们相遇这件事上得出不同的结论。在这种情况下，汽车会先遇上我，而如果你朝反方向跑的速度够快，它可能永远都追不上你。似乎，这种假设必然适用于光也是有道理的。如果我朝一束光跑去，而你朝远离它的方向跑去，那么，似乎这同一束光应该先照亮我，后照亮你。但这正是爱因斯坦的解决方案所否认的——尽管我朝光束跑去，而你相反，但这同一束光仍会以相同的速度接近我们。这是相当令人惊讶的。毕竟，接受自己永远跑不过一束光这个事实，只是事情的一个方面；但接受无论跑多快，这同一束光也会以相同的速度追上你的事实，就完全是另一回事了。就像那些可怕的老旧恐怖片里的情形一样，无论女主逃得多快，复活的连环杀手的尸体蹒跚着也总能慢慢赶上她，或者类似地，无聊的百万富翁在新奥尔良的墓地中出于消遣而围堵尚格·云顿。

但最糟糕的情况还在后面。我迎面朝一辆加速的汽车跑去，而你朝远离它的方向跑去，我们会对汽车的相对速度得出截然不同的判断，但仍会对汽车追上我们任意一人所经过的路程和时间达成一致。但如果光速对所有观察者而言都相同，那么，所有人就这同一束光线靠近他们的速度达成一致的唯一可能就在于，他们能否就光线经过的距离和时间达成一致。在这种解释下，因为光速对所有观察者都相同，大家熟悉的时空观念突然就变成因人而异的了。对早期多数科学群体而言，这一步迈得太远。因此，抛弃发光以太的观念似乎意味着放弃很多世纪以来科学运作得以展开的常识框架。对于像威兰德这样的人来说，这样做意味着概念上——更不用说道德了——彻底的无序状态。

然而，重要的是不要误解这些观念。虽然相对论完全拒绝任何时间和空间客观存在的观念，但它并未因此放弃任何描述物理事件的客观坐标系，而且也没有保证某些人所谓的更普遍的无政府状态。相反，相对论径直上升为一种更加抽象的描述，并用时空这个单一概念取代了时间和空间这两个概念。虽然事件之间的空间和时间距离的确可能因观察者而异，但他们之间单一的时空分离却并非如此。实际上，相对论告诉我们的是，我们熟悉的空间和时间观念只是更为基本的时空观念的不同分解方式而已。同样，不同的观察者也可用不同的方式描述两个物体之间的物理距离——在上方和在左侧，在下方和在右侧，这取决于观察者的角度——大家也不会因此对整体的距离产生不同意见，因此，两个物体或事件之间不变的时空间隔同样也可以在不同的时间和空间组合中加以描述，而不必因此在这个更基本的量上意见不一。因而，虽然我们可以说，相对论抛弃了我们用以描述世界的熟悉框架，但它也说明了这些建立在肤浅世界图景之上的概念为何显得多余。

科学：自上而下与自下而上

威兰德认为，科学理论的成功与其在预测上的成功或解释力没什么关系，相反，科学的成功主要取决于更一般的社会和政治因素——秘密集团的阴谋诡计、阴暗政府官员的违法干涉，当然还包括全世界犹太人的阴谋。这是因为威兰德在专业哲学家看来就是个彻头彻尾的白痴。信息革命以前，他在柏林音乐厅举办的会议其实与声名狼藉的网络聊天室差不多，你在这些聊天室中可以讨论大脚怪是如何击中肯尼迪的，也可以交换尼尔·阿姆斯特朗和斯坦利·库布里克在他们紧凑的拍摄日程中停下休息的低像素照片。威兰德并未记录下任何他对1969年所谓的月球登陆的想法，但他可能认为犹太人与登月有关系。

虽然存在阴谋论，但要强调社会和政治因素主导了世人选择某个科学理论的推理过程，我们还有更多合理的论证思路。第一部分借鉴了我们试图阐明一些中立原则，或可能构成科学方法的纯粹逻辑规则时遇到的各种困难。例如，好的科学理论是可证伪的，这个观念并不必然能区分真正的科学理论和伪科学的胡说。此外，可能更重要的在于，正如我们所见，科学理论在多大程度上可被证伪，往往更多地取决于我们个人对某个更有前途的研究路线的坚持，而非取决于具体的逻辑考虑。众人对实验结果无偏见和中立的观察性评估在根本上可被我们此前的信念和社会环境加以塑造。累积更多的证据并不会让科学假设更加可靠，这实际上还会引导我们犯下一系列基本的统计错误，并且直接把我们自己的偏见添加到新的数据之中。即便最好的解释也同样无法告诉我们科学理论近似为真，而是进一步展现了并不鼓舞人心的认知起源。但如果所有这些传统观念都无法为科学方法提供真实的理解，那么，我们下一步似乎就要得出压根儿不存在科学方法这回事。如果是这种情况，似乎合理的推论就是，我们采纳某个科学理论的理由一定建立在社会和政治因素之上，因为看起来也没有其他决定因素了。

当然，仅仅因为我们迄今未能确定科学方法的基本要素，并不能断定以后不会出现相关的解释。也许，我们只需要多尝试。一旦我们有了这种解释——从经验数据中得出可靠科学结论的具体算法——社会偏见或意识形态承诺将彻底无法左右我们对科学理论的选择。但即便到那时，可能大家还会暗中相信另外一个观点，即从更加基本的角度承认科学实践内在地具备社会和政治维度。为了论证的缘故，我们假设存在科学方法这回事，它能从所有成功的科学实践中归纳出一套具体的规则和原理，反过来它又能让我们清楚地区分真正的科学和伪科学。问题是，我们那些不科学的祖先——此前生活在某种理想化的自然状态中，平日里以拜树、敲石块为消遣的初民们——可能首先要聚在一起协调它们的活动，从而建立能够最早得出这些原理的科学共同体。

答案看起来很明显，实际上，我们似乎也很容易想象这种场景，即一些在科学上志同道合的人自然而然地认识到他们都从事相同的事业，他们首先聚在一起，然后开始为了共同的目标而共享自己的资源和专业知识。但这只会反过来提出另外一个问题，这些原初科学家们是如何能够在不太理解科学方法的前提下，识得彼此都从事相同的事业呢？进一步的问题在于，总的来说，科学家并没有那么多相同点，不同科学的方法和样貌存在巨大差异，从物理科学这种理论分支到生物科学这种偏实践的领域便是如此，更不用提社会科学这摊浑水了。即便在更加实际的层面，那些被称为科学家的不同群体之间也存在巨大差异。他们不都是在实验室工作，只有少数人才身着白大褂。有些科学家用沸腾的试管和火光四射的电子设备开展复杂的实验，而其他人则倾向于在白板上无休止地书写方程式。一些科学家只是为了单纯地追求真理，而其他人——就像从事其他任何人类活动的人一样——则只想过生活。的确，真正把所有这些不同的活动关联起来的唯一因素在于，它们在某种程度上体现了独特的方法论，即研究周遭世界的一套具体推理规则和原理。但现在，我们似乎把自己绕进去了，因为如果我们的原初科学先民只是基于一套共享的方法论原理，才能认识到彼此都在做同样的事情，那么，在这些个体聚在一起建立新兴的科学共同体之前，他们必然对科学实践有了基本的理解。我们似乎陷入矛盾之中，在发明科学之前，我们必须已经知道科学是什么。

于是，结论似乎在于，无论科学是什么，它首先把新兴的科学群体聚在一起，而且它肯定不是一套共享的科学原理——这又让我们回到了更广泛的社会或政治动机层面。然而，重点在于科学活动是基于某些基本原理而组织起来的，它并非经由一套自上而下的指令组织起来的。我们能够制定一套规则，并且认为这些规则本身就构成了科学的方法——除非已经在从事科学研究的人，否则人们并没有特别的理由在意其中任意一条规则，更别提同意采纳它们了。因此，任何关于我们应该如何制定科学方法的讨论，实际上都必须预设科学共同体的存在，否则这种讨论就无从发生。这又意味着世人对科学及其基本组织原则有所理解，它们先于我们对证伪、归纳、解释及其他一切方面的抽象的知识性讨论。于是，我们的论点是，无论我们对科学方法的描述有多好，无论我们基于这种方法而采取某种科学理论的理由有多强，这整个智性结构最终都建立在某种社会和政治机制之上，它最初以某种方式引导人们能够有意义地将自己在做的事视为科学。

无可否认，上述观点有些概念化了，但它却是塑造了20世纪智性发展的重要观念体系的组成部分。一个特别好的例子是口语的发展。大家最初的想法可能是，语言经由某种集体决策而演化，一帮无所事事的人决定，汪汪叫的四脚动物叫作"狗"，长了胡子的称作"猫"，诸如此类。然而，稍做反思我们就知道，这种情况压根不可信，原因在于，前语言状态的人要达成这种一致，他们必定已经能够相互交流，当然，这恰好就是我们设想中的命名仪式应该解决的问题。[34]更一般地，正如哲学家路德维希·维特根斯坦曾着力指出的，我们难以理解制定规则的过程何以产生任何形式的社会协作，因为我们永远无法就这些规则的理解达成一致。[35]这个故事的寓意在于，虽然我们的确有可能确定语言用法或科学实践的规则和原理，但如果我们认为，这些规则和原理一开始就可用来建立它们规定的协作活动，我们就会走入循环论证。为此，我们需要进一步研究一开始就对那些处于前语言或前科学状态中的先民们施加影响的社会和政治因素。

事实上，讽刺的是，我们解释科学实践时难以摆脱的信念总是关乎自上而下强加的方法论规则或原理，而与自下而上逐

　　　　　　　　　　被误解的科学

渐生成的社会政治协作无关。世人不再试图从上帝为我们规定的宏大视角解释生物复杂性——或者至少，我们大多数人不再如此——而是在很大程度上把它当作众多更小的基因变异和环境选择事件的意外结果。但是，我们似乎不愿意把自认为好的科学解释的典范示例用于科学实践本身。然而，不管科学究竟如何运作，它的起点都不是让人明确地去了解方法论规则或推理规则。科学始于众人以不同的方法共同协作的过程，有些方法更好地存活了下来。随着实践的推进，我们也可能对其进行反思，或者提炼出可能被我们当作科学方法的某些普遍特征。但任何这种分析总是建立在根本性的社会和政治因素之上的，正是这些因素让这些协作活动成为可能，而且它们还会进一步影响和塑造后续的科学实践。

范式、进步和其他问题

托马斯·库恩在其《科学革命的结构》（*The Structure of Scientific Revolution*）中主要讨论的问题是，在缺乏任何总体规则或原则的前提下，科学实践究竟如何相互协作，这本书对20世纪产生了非常大的影响，就它对公众的科学理解产生的意义而言，该书甚至可以和波普尔的《科学发现的逻辑》（*The Logic of Scientific Discovery*）

相提并论。因此，毫无疑问，如今你很难找出任何有价值的本科科学哲学课程，未将这两本书列入书单。然而，虽然波普尔的作品具备众口一致的学术价值——从宏观的角度看不错，但细节经不起推敲——公平地说，库恩的贡献引发了相当多的阐释和评论，而且事到如今仍饱受争议。

库恩解释的核心是范式这一概念。粗略地讲，我们可以把它看作如何研究当前问题领域的一套共享假设——它规定了我们会提出何种问题，使用哪种技术，以及哪些观察和证据可被看作是重要的。然而，重点在于，这些不同的假设合在一起也远不及完全成熟的科学理论，甚至它们从根本上对何物存在，主宰其表现的律则又是什么等问题还存在大量分歧。然而，这些假设提供了一个广泛接受的框架，其中可能会产生分歧，但整个学术活动却不会分裂为各自为政的局面。库恩写道：

> 亚里士多德的《物理学》（*Physica*），托勒密的《天文学大成》（*Almagest*），牛顿的《原理》（*Principia*）和《光学》（*Opticks*），富兰克林的《电学》（*Electricity*），拉瓦锡的《化学》（*Chemistry*）和莱伊尔的《地质学》（*Geology*）……一定时期内，它们和其他许多作品暗中为后来的相关从业者规定了某个研究领域的合法问题及方法。它们能够做到这一点是基于两个基本特征。首先，这些作品空前的成就足以在与之竞争的科学实践模式面

前持续吸引到拥护者。与此同时，它还具备足够的开放性，可以把各种问题留待重新定义的从业者群体解决。[36]

因此，范式会起作用的原因在于，其他潜在的科学家自然会把它视为想要实现的榜样，从而在自己的科学活动中加以效仿，尽管大家就这一切发生的具体方式还存在大量分歧。通常，范式本身就建立在特别显著的成果（即库恩后来所谓的典范）之上。这个成果可能是一个意想不到的全新发现，某种在实验室条件下产生已知现象的更加优雅而巧妙的方法，或者只是处理旧问题时令人更加愉悦的数学框架。哥白尼的例子正好说明了最后一种情况，正如我们所见，他未能预测任何新的天文学发现，也没有比托勒密模型这个竞争对手更加简洁。然而，哥白尼却用大量新颖的数学技巧吸引了伽利略等年轻科学家的关注。因此，范式的作用就是在缺乏任何具体规则的前提下，为协调科学活动提供方法。而这也回答了我们的问题。如前所见，我们不可能把科学活动限定在实存领域，因为无论我们做出的说明多么直接和精确，也无法保证所有人都会按相同的方式解读这些规则，除非他们在很大程度上已经如协调一致的科学共同体那样开展研究了。任何试图从第一原理建立科学大厦的企图，实际上都预设了它要实现的目标。相比之下，范式就是不同的研究者可以在前科学的自然状态中达成一致的东西。这个结果足够令人惊讶，也很强大和优雅，乃至于众多不同的个体即便缺乏一致的方法论承诺，也会承认其重要性。当然，对于范式为何重要，大家还有很多分歧，但在任何严肃的协调活动出现之前，我们还需要展开大量讨论并付出艰苦的努力。重要的是，我们至少有讨论这些不同分歧的起点。一旦范式被接受，科学家们也不必每次都从头开始展开研究，而是可以跟其他人分享自己的基本假设，而不需要对相关主题展开冗长的介绍。研究变得更加集中，期刊文章也越来越难以被外行理解，进步（通常）开始加速。

然而，大家对科学实践的这种理解有其重要后果。由于大部分科学活动由共享的范式塑造和引导，所以，大部分实际的研究工作不过就是阐明范式，即确认已经众所周知的结果，以稍微提高的准确度重复现有实验，用数学上更优雅的方式表达已知事实等。这就是库恩所说的常规科学，即大多数朝九晚五的职业科学家的日常经历。常规科学在很多方面与波普尔刻画的科学活动正相反，它既没有风险也缺乏创造，而且也没指望证伪什么理论。它也是由大机器中无数小齿轮缓慢旋转产生的缓慢而稳定的进步。

问题在于这种情况何时会出错。对于绝大多数职业科学家而言，在一个表述清楚的范式内工作同时也定义了他们对科学实践的理解，错误没有存在的余地。实验没有产生预期的结果，如果数学运算最后未能达成平衡，那么哭诉无门之际也只能责怪研究生助

被误解的科学

手，然后重做一遍，或者把异常留待以后处理。如果理论真的可在波普尔的意义上被证伪，则会产生无政府状态，因为仅当科学共同体认为某个结果值得效法时，这个共同体才存在。并不存在能够应对证伪理论的机制——至少不存在这样的科学机制，因为不存在这样的理论，所以大家对科学的含义也莫衷一是。不，我们最好把这整个事件归咎于设备的缺陷或者实验者咖啡喝多了，并重新把共享的范式阐述一遍。

当然，这种方法也只能做这么多。最终，异常开始累积，一直到无法忽视的程度。渐渐地，大家对范式的信念开始瓦解，科学活动的节奏开始不协调。孤立的个人和小团体开始考虑阐明现有范式的新方法，或者直接提出全新的范式。大家会对别的方法展开讨论乃至争论，最终，人们会推翻现有的传统，新的科学范式将取而代之。然而，关键在于，所有这些讨论都不能理解为所谓的科学讨论——当然，正在讨论的部分首先是科学的。正如库恩所言：

> 就像在相互竞争的政治机构中做出选择一样，在相互竞争的范式间做出抉择最后也成了对不相容的共同体生活的选择。因为这种特征，我们对范式的选择也不能仅仅通过常规科学的评价程序加以确定，因为这一切在一定程度上被特定的范式决定，而范式本身值得商榷。当各种范式最后介入关于它自身的争议中时，它们的角色必然既

是裁判又是运动员。每个科学共同体都使用自己的范式来为这个范式辩护。[37]

如果某个范式定义了科学实践，那么，大家对采用何种范式的争论明显就是非科学的。这些论点建立在与实验数据正交的美学价值之上，或者建立在争议中的科学家的个性和声誉上。或许，其他说服的方法也可能起作用——比如，政治意识形态，提供更多资助的许诺，聘用或解雇的威胁等。

但现在，我们似乎已经非常接近出发的地方了。威兰德谴责爱因斯坦相对论的成功只不过是宣传和媒体的险恶阴谋。我们驳斥这些阴谋论是反犹主义者的胡言乱语，但同时又认为，我们对科学实践的任何合理解释都受到更广泛的社会和政治考量的影响。特别是，我们注意到科学实践预设了科学共同体的存在，这个团体在很大程度上阐明了共享的价值观和态度，这套实践指出，把科学共同体团结在一起的东西本身不可能是科学的。库恩从团结共同体范式的角度进一步阐述了这个观点。但按照范式的概念，我们似乎要承认这样一个事实，即人对范式的任何选择必然被更广泛的社会和政治因素、宣传和庸众心理决定。也许威兰德最终说对了。

被误解的科学

相对主义及其不满

威兰德对爱因斯坦工作的关键不满——除了当时蔓延的反犹主义——还在于时空相对论建立在拒斥发光以太的基础之上，这在一定程度上导致了其他所有社会价值更加彻底的相对性。这种想法认为，一旦我们允许物体的距离，或者事件的持续时间等常见观念因观察者的不同而不同，那么不难想象，对于大家熟悉的其他观念，比如真与假、对与错，或者真与假的差异等也可能因为个体的特定观念而有所不同。当然，这种推论完全错误。一方面，空间、时间与人的道德观念之间并不存在直接联系。另一方面，狭义相对论和广义相对论并不意味着所有的时空框架可供人随意挑选，相反，它们用更为一般的时空概念取代旧的空间和时间概念。

然而，深入挖掘威兰德关注的其他可靠因素，我们发现自己再次陷入更多的相对主义包围之中。我们已经看到，人们有很多理由认为世人很可能是基于更广泛的社会和政治因素接受科学理论的——无论这是出于绝望而为我们的选择寻找其他理由，还是承认科学世界观的发展最初必然建立在非科学的因素之上。库恩在其作品中对这个思路做出了广为人知的推进，他勾勒了日常科学可被未经阐明的典范或范式——而非具体的规则或原则——塑造的若干方式。但库恩的观点带来的结果是，如果科学评价的标准由当前的范式决定，那么，范式的任何改变必然建立在坚实的非科学因素之上。我们似乎再次回到这个立场，即我们冷静和理性评估的标准本身很可能就来自更加基础的社会政治愿景。而科学的是非观念也将取决于你碰巧出生的社会或文化背景。

这种概念相对主义的标签自然古已有之。古希腊的智者普罗塔哥拉曾经说过一句名言，"人是万物的尺度"，他在城邦各处宣扬真理是相对的，信念都是真的这种观念。这种推论并未给苏格拉底留下深刻印象，苏格拉底直接回应说不相信普罗塔哥拉。当有人提出普罗塔哥拉真正想说的是，所有信念在相信它的人那都为真时，苏格拉底问到，是否所有人都应该接受这个观点为真？毕竟，普罗塔哥拉走遍城邦宣扬这个特定的学说，他明显也会认为它具备普遍适用性。但如果情况果真如此，那一切都是相对的主张恰好也成了取消相对主义者这个主张的普遍真理性。[38]

在更为晚近的概念框架不兼容的示例中，美国哲学家唐纳德·戴维森也提出了一个类似的棘手问题。[39]他问道，如果不同的范式或文化背景的确产生了无法互相理解的世界观，又当如何？而且这些世界观的支持者又能够对其做出十分详细的描述，又会怎样？例如，他注意到库恩早期讨论哥白尼革命的作品尤其旨在澄清前哥白尼范式令人无法理解的陌生性——在那个世界里，亚里士多德视野下的物体受自然倾向的作用而运动，它们是宏大宇宙秩序的组成部分，而人类则占据了这个物理和道德上秩序井然的宇宙的不动中

图5.1 "他们通过敲击声或者爪子说话！"（*They spoke by the clicking or scraping of huge paws*）作者霍华德·V.布朗（Howard V. Brown），摘自 *The Shadow Out of Time* (June 1936)。

图5.1：爱因斯坦的相对论让人在一个难以想象的奇怪宇宙中漂流，人类熟悉的空间和时间概念被打破，自然法则似乎在我们所处的银河系狭窄角落以外混乱地起着作用。这种错位感启发了一种相当不乐观的科幻类型，正如图中H. P.洛夫克拉夫特想要表达的一样，有知觉的真菌在其中操纵着地球上的生命，有触角的怪物等待着吞噬恒星，人对存在的真实本质的理解可让他发疯。尽管洛夫克拉夫特对相对论原理的敌视不及威兰德，但他还是肆无忌惮地表现了自己的反犹主义，这似乎是相对论的评论家们反复提及的一个主题。

心，地球在动的想法与我们的日常经验以及我们对自身的神学理解都形成了强烈对立。然而，问题在于，库恩不仅在书中十分详细且深入地描绘了这个世界观，而且他在使用现代的后哥白尼术语时明显也毫无障碍！

对于任何潜在的相对主义者而言，这种思路都可能会成为他们的普遍挑战。为了认真对待这个理论，我们自然希望能够给出一个具体的例子，以说明不同的群体和文化如何就有了不可通约的概念框架。如果提不出这样的例子，那么这个主张可直接当作夸大其词而被抛弃。如果的确存在这样的例子，那么，这些所谓的不可通约的概念框架早就经过了充分的比较，而不兼容的说法也只是证明了……是的，它们一开始就不是真的互不兼容。

因此，不同范式中的科学家使用截然不同的概念框架的想法往好处说是不可能成立的——往坏处说则压根不合逻辑。然而，这并不意味着库恩的核心论点为误。在本书的讨论过程中，我们已经反复看到，简单且一致的科学方法概念绝少能直接适用，而且不同传统中的科学家常常也会对不同关注点的相对重要性做出不同的判断。举个简单的例子，我们已经看到，严格测试和证伪科学理论的纯粹逻辑过程同样取决于，我们是否愿意对世界观进行局部调整，就像理论与数据的任何客观关系一样。科学家有多大意愿做出调整以保持科学理论不被证伪，这不可避免地取决于他的其他理论信念，但更可能取决于"足够了"这种不那么明确的标准。至于可以额外添加多少行星，或者是否可以放弃其他基本的物理假设以避免大家反对牛顿力学等问题，则绝少可根据一套具体的规则和标准加以澄清。这取决于人在何时直觉到应该提出更有前景的科学理论，也取决于人拼命挽回失败猜想的努力程度，它反过来又取决于科学家对于好的科学实践的典范示例。

然而，关键在于，大家可以承认这种对科学的微妙理解，而不至于叫嚣它整个就是概念相对主义。仅仅因为缺乏刻画任何科学实践的普遍标准，并不意味着科学发展的整个过程都是随机和任意的。这也不意味着任何比较都不可能，或者某个范式中的科学家无法批评别的范式中的科学家。例如，不同范式中的科学家可能对哪些现象值得解释莫衷一是。哥白尼革命让地球在遥远恒星这个背景中动了起来，后来，大家一直关注这些遥远恒星的相对位置似乎并不随地球绕太阳旋转而移动（原因在于，它们距离太远，我们需要无比强大的望远镜来探测这种视差运动）。相比之下，托勒密学派的天文学家则认为地球位于静止天球的中心，因此也不用观察这样的运动。尽管托勒密学派和哥白尼学派的天文学家可能在何种现象有待解释这件事上存在分歧，但他们大概还是会在各自的理论能够解释多少现象方面达成一致。同样，尽管不同的范式可能会在准确度和精确度方面为不同的科学理论提出不同的要求，但每个范式能在多大程度上满足自身的标准却没有完美的客观标准。

大家对此也有更加一般的说法。如果两个人对同一件事的看法不同——假设二人肯定也能为自己的观点提出充分的理由——那么，我们就知道两者至少有一个为误。如果我们自己的共同体与别的社会遭遇，他们在科学实践上有自己的标准和范式，并且支持一个截然不同的世界观，那么，我们就应该保持谨慎。如果不假思索地认为我们对，他们错，那就直接陷入了沙文主义。但在相互冲突的观点面前保持一定的谦逊，并且对其他看待世界的方式保持开放态度，这与文化相对主义并不是一回事——后者逻辑矛盾地认为，所有人在一定程度上都是同样正确的。

此外，这两种态度之间存在重要的实际差异。如果我们认为不同的观点存在实质性冲突，则至少其中一方一定为误，这会促使我们重新评估自己的信念，并开展进一步的实验来确定哪一方错了。从谦逊的角度看，相互冲突的范式会成为进步的动力。但对概念相对主义者而言，所有人的观点都是对的。因此，冲突范式的智性重要性也不过是萝卜白菜各有所爱而已，其中并不存在推进研究的动力，也缺乏认真审视相互冲突的范式的意愿。尽管经常被赞许为更加开明的态度，但概念相对主义实则会让众人的信念和世界观变得更加封闭。它还鼓励我们更加屈尊俯就地对待其他文化，而这些文化对科学进步的潜在贡献也容易被打发为"对他们来说为真"，从而缺乏普遍有效的主张。

第六章

科学的破产

未来不容乐观。我们正以前所未有的速度挥霍有限的自然资源。随着人口的增长，这种需求只会增加，并且资源很快就会耗竭。我们的矿山会被掏空，城市会被熏黑并陷入死寂，这恰好是人类的傲慢和愚蠢被放大的明证。我们必须趁还来得及的时候立即行动，否则就会置后人于无数灾祸之中。我们不仅要克制自己的贪欲，还要把它们降低到更加可控的水平。工业必须倒退，我们才能与自然和谐相处。人类种族的生存也要处于平衡状态。

英国经济学家威廉·斯坦利·杰文斯在1865年前后表达过相似的担忧。与当代环保主义者不同，杰文斯并不是因为全球变暖、雨林消失或海洋酸化而感到惊恐，而是因为英国飙升的煤炭需求和不断缩减的储量之间日渐扩大的缺口而感到担忧。在其富有想象力的《煤炭问题：关于国家进步和我们的煤矿可能枯竭的调查》（*The Coal Question: An Inquiry Concerning the progress of the Nation and the Probable Exhaustion of Our Coal Mines*，以下简称《煤炭问题》）中，杰文斯预测，按照当时的增速，英国在20世纪的煤炭需求会超过1 000亿吨——这是个天文数字，按照最乐观的估计，它也远远超出了英国在所有可能时代的总供应量，也超过了整个地球的煤炭储量。因此，在杰文斯看来，如果不彻底放弃整个工业革命的话，这将是迟早都会发生的灾难，如此的前景要求人们采取最特别的应对措施。在一份相当于早期的可持续发展原则的预测文件中，杰文斯写道：

我们变得越来越富有，财富的来源也越发丰富，但生育率却显然并未如我们所愿那般迅速下降。因此，这个国家的人口表现出一致且猛烈的增长率。我们就像在边界未知的新国家中不断扩张的定居者。然而，我必须指出一个令人不快的事实，即这种增长率很快就会使煤炭的消费量与总供给量相当。在开采煤炭的深度越来越深，难度越来越大的情况下，我们不可避免地会触碰到发展的天花板……我们需要注意到这种发展模式的最典型特征。相比之下，农场不管怎样压榨，只要耕种得当，它就会源源不断地产出。但煤矿就不一样了，它无法再生产，其产量一旦达到极限，很快就会下降并降低到零。到目前为止，我们的财富和进步都建立在煤炭之上，我们不仅要停下来，还必须要退回去。[40]

这种情况远远超出了大英帝国的经济存亡，对杰文斯而言，这件事"几乎具有宗教意义"。

然而，应该指出的是，预言燃料供应耗竭和社会不可逆转的崩溃并不是杰文斯对维多利亚时代智性生活的唯一贡献。他是那种几乎对人类所有事业都有想法的大博学家，而且不悔当初的言论。尽管是微观经济学和边际理论的早期先锋，但杰文斯在管理自身财务方面却屡屡受挫。为了证明责任并不在自己，杰文斯以坚定的信念调查这些令人费解的事故的可能原因，偶然一次跟天文学同事聊天之后，他得出了一个不具备说服力的结论，即自己

被误解的科学

大概10年期的不良投资必然是太阳黑子对全球贸易周期的影响未被重视造成的。作为坚定的社会改革家，杰文斯强烈反对建立免费医院和慈善医疗保障，认为它破坏了穷人的品性，并且鼓励了依赖的文化——但他的确提倡大规模兴建音乐厅，并广泛普及古典音乐，他认为这可能对穷人更有好处。杰文斯甚至对博物馆的正确布局有激烈的看法，他一辈子就这个主题写了很多东西。他还对刻画了当时众多制度的折中主义艺术表示遗憾，他认为这些东西不仅肤浅而且毫无价值，并且还特别不利于人的智性发展。杰文斯认为，这些杂乱无章的陈列鼓励人们相信，只要在展览品中面无表情地闲逛就能变得有教养，但这会破坏所有人都应该追求的细心研究和持续专注的习惯。他建议，为了提高认知水平，应该全面禁止小孩进入博物馆。

《煤炭问题》出版不到20年，英国煤炭的实际产量已经明显低于杰文斯当初的估计了。新的能源已经开始取代煤炭，比如石油和电力——杰文斯在书中也考察了这种可能性，但完全把它视为纯粹的幻想，并且认为它们更多是科幻小说和低俗小说中的狂热猜想，而不是严肃的学术思考。从1865年到1965年，英国的煤炭总产量实际上还不到20亿吨，这甚至不到杰文斯最初估计的2%。由于没有考虑到技术变革对经济的刺激以及对经济发展方式的改变，杰文斯不仅错了，而且大错特错。颇有影响的经济学家约翰·梅纳德·凯恩斯以其特有的讽刺风格对这种情况展开了分析，他写道：

我怀疑，他的结论受某种心理特征的影响，这种特征在他身上体现得尤其明显，其他很多人身上也有，即某种囤积癖，随时会因为资源耗竭的想法而震惊并感到兴奋……杰文斯就抱有类似的想法，他会认为纸张的稀缺是大家对相关原材料供应的巨大需求导致的（就此而言，他又一次没有充分考虑技术方法的进展）。此外，他对这种恐惧采取了行动，不仅囤积了大量书写用纸，而且还有薄的棕色包装纸，即便到他去世50多年后的今天，他的孩子们也没用完后一种纸。但他这样做更多地是为了投机而非留作自用，因为他的笔记大多写在旧信封和稀奇古怪的纸片背面，而这些纸正好是应该扔进废纸篓的。[41]

作为真正的个人主义者，杰文斯在无视医生禁止游泳的嘱咐后于1882年溺水身亡。

然而，最令人惊讶的是，杰文斯只是漫长而独特的灾难预言传统中的一环，这些预言最后都错得非常离谱。1908年，美国总统西奥多·罗斯福建立的国家自然资源调查委员会预测，到20世纪30年代，天然气储备将完全耗尽，而石油储备也会在50年代之前用完。随着21世纪初水力压裂技术的发展，北美目前已拥有全球最大的天然气储量。1968年，美国生物学家保罗·埃利希得出结论，认为"养活人类的战争已经失败"，印度则处于全面饥荒的边缘。今天，超过12亿的印度人不会同意这种观点。从来没人会拒绝最引人瞩目的新闻头条，埃利希还预测所有重要的海洋生物会在20世纪80年代灭绝，同时，环境恶化，海平面不断升高——更不用说弥漫在海岸的死鱼臭味了——意味着英国在2000年前就四分五裂了。我只能假设多数现代英国人已经习惯了这种气味。1972年，颇具影响力的环保主义者爱德华·戈德史密斯提出，工业化是不可持续的，并且它"注定会在当代人的眼皮底下走向终结"。英国经济学家和美国政策顾问芭芭拉·沃德更是不希望人类活到2000年以后。1990年，气候学家迈克尔·奥本海默预测北美和欧洲会在1995年发生因干旱和食品短缺而导致的骚乱，届时，内布拉斯加州的普拉特河也会枯竭。然而，21世纪最严重的粮食短缺实际上发生在非洲和中东，而且起因也不是干旱或其他环境灾难，而是西方大片粮食产区向生物燃料产区的转变——这个解决方案导致了它原本试图避免的危险，真是十足的讽刺。2000年，奥本海默还哀叹，孩子们可能永远无法在雪地里玩耍了，而就在刚刚过去的冬天，我还在纽约州北部写作本书，而我也很遗憾看到这个仍然耸人听闻的预言遭到挫败。[42]

　　鉴于对大灾难的预测记录如此糟糕，许多评论者对当代环境的警告信息表现出明显的疑虑也并不令人惊讶了。他们会问，为什么我们应该认真对待全球气温在20世纪持续升高的主张，而仅仅30年前我们还信誓旦旦地预言下一个冰期，再者，为什么我们应该关注自然资源即将枯竭的预言，而此前的灾难预言家们却从来没有预言对一次。当然，诸多反诘可直接归结为保守的政治、个人私利或对化石燃料行业的大量金融投资，我们不应低估投入可再生能源领域的补贴和环境保护方面的金额，也不应忘记世界末日的消息最容易占领报纸的头条。我们暂且把人类的这些弱点搁置一旁。世人对这些特别分裂的部落问题已经大书特书，我也无意为可能应该称作气候变化的政治"辩论"做出进一步的贡献。在所有末世焦虑和夸张疑虑的某个地方，真正有趣的哲学问题出现了：无论别人怎样想，考虑到过去的错误，我们对当下抱持怀疑态度难道也是不合理的吗？

危险的后见之明

前面的讨论似乎表明，过去许多对环境灾变的预言都大错特错，我们因此应该对当前的环境预言保持高度怀疑，它们包括人为的全球变暖、极地冰盖的融化、热带雨林的消失或者其他迫近的灾难等。这种论断诉诸我们天然的谨慎感——一朝被蛇咬十年怕井绳——同时，也诉诸人们对当权者日益加深的不信任感。我们不再认为身着白色实验装的人就是无私的真理预言者，而且肯定也不再相信失败政客和傲慢名流的胡言乱语，他们似乎正是通过兜售最新的世界末日预言而过上奢靡生活。那些专门搭乘飞机来讲述航空公司罪恶的人并不会收到预期的效果，而那些周末驾驶着比别人房子还要大的游艇出游的人告诉你，我们必须要保护非常有限的资源，这也没什么用。但或许更重要的是，这种想法也能让人在智性上十分满足，尤其因为它似乎构成了我们眼中反驳最新悲观预言的科学论证。本书的大部分内容都旨在打破这样一种观点，即存在独特而具体的科学方法这回事，但粗略且现成的经验法则肯定存在，而科学告诉我们的事情之一就是，一件事在过去越是经常发生，它也越可能在未来发生。正如我们所见，这个过程也并非一成不变，总会有重要的例外，但我们应该从一些具体的实例出发推断出某种普遍模式的想法，仍旧是科学过程的一个要素。因此，当谈到关于不断变化的气候或迅速枯竭的资源的预言时，我们在过去大错特错的事实的确暗示了，假设我们将来会继续犯错也是合理的。

当然，我们可以做出许多不同的回应。例如，我们会争辩说，把当代科学家的预言和杰文斯等历史人物的猜测进行比较是完全不公平的，后者的独创性明显在公众对科学没什么理解的时期才会起作用。他并不掌握当代科学家可以获得的任何数据，也没有任何可用于分析数据的计算机模型。就此而言，他也不是国际研究网络的一分子，其中会有相当程度的协作、同行评议和知识分工，而这些正是当代众多科学研究的典型特征。从更加实际的角度看，杰文斯也几乎没有任何可供差遣的研究生，一切都是手写，而在英国，你至少要等到一个世纪之后才能喝上一杯像样的咖啡。因此，在这样的环境下，此前的预言错得离谱也并不令人奇怪，但这绝不会影响我们截至目前的分析。

这样的回应有其优点，但它只会反过来提出另一个问题。假设我们有充足的理由相信当代科学家比其前辈更加可靠，因此我们应该相信他们的预言，我们又如何知道未来的世代不会同样做出对我们不利的评价呢？著书立说之时，杰文斯已是当时的领袖级经济学家，他是微观经济学的创始人之一，同时也对阿尔弗雷德·马歇尔和（严厉讽刺过他的）凯恩斯等著名经济学家产生过重要影响。对于维多利亚时代的人而言，他们有充足的理由认为杰文斯比前人更可靠，因此也有理由相信他的预测。实际上，我们为了说服自己相信资源即将耗竭的预测，也会提出与他们同样的论证。而他们的论证错了。那么，生活在21世纪科学黄金时代的我们，又如何保证未来的历史学家不会像我们揶揄杰文斯那样对待我们呢？

因此，我们应该基于环境预测者们过去的败绩而拒绝其目前预测的观点有其基本合理性。但悖谬的是，这个论证的真正困难恰好在于它过于强大。上述推理过程最有趣的特征是它很容易就推广到了科学实践的其他方面。毕竟，环境科学并非唯一遭受严重挫折的科学领域，它在不准确的预测面前也没有做出重大修正。在中世纪的天文学中，人们认为行星停靠在巨大而透明的天球上，这些天球

被误解的科学

通过神圣的肘部推动，按照一些无法解释的数学设计而缓慢地在天上旋转。到17世纪末，牛顿已经让行星按照优雅的椭圆轨道在广袤的太空中自由地绕太阳旋转了，它们的位置被宇宙中类似离心机的神秘力量所固定。后来，广义相对论最终确认，约束行星的既非天球也不是万有引力，而是时空本身的内在形状，它们在质量巨大的太阳周围下陷成一个巨大的天文级别的凹槽。目前，我们对宇宙理解的近似真理性的任何信心，只会反过来增强我们认为此前的天文学理论明显为误的信念。

此外，这个清单还可以继续往下列。在光学领域，大家最初认为光是由微小的粒子或光颗粒组成，它按照不同的强度而在空气中以不同的速度传播，直到最终撞上人眼并作用于视神经。这种观点后来被另外一种假设取代，后者认为光是波，它会在遍布各处的发光以太中连续振动，而以太则是填充宇宙的不可见流体，光就像海里的波浪一样在以太中传播。麦克斯韦认为光是某种电磁辐射，而爱因斯坦则认为以太是多余的假设。根据当代量子理论，光有时候像粒子，有时候像波，而且令人困惑的是，它有时候既像粒子又像波。过去的化学认为，燃烧会往大气释放燃烧素，这种气体被认为重量为负，如此才能解释某些金属加热后变重的现象；热的物体因失去热量而变冷；微生物能从空气中自动产生；人体由无法进一步还原的生命力或动物本能激活，而它们则直接受松果体的指引……

事实上，一旦我们开始批判地审视科学史，一个接一个失败无尽承继的过程就会呈现在我们眼前。我们以前坚信的全部科学理论最终几乎都被抛弃了——我们并非在谈论时间迷雾中的迷信怪人，也不是说无人曾认真对待的转瞬即逝的猜想。哥白尼和伽利略等伟大思想家最终也被证明为误。牛顿的运动理论取得了空前的成功，直到300年后才出现挑战者，当时的物理学家曾抱怨，他们在牛顿的理论被扔进垃圾箱之后才能做出新的发现。这并不是一个鼓舞人心的景象。伟大的法国数学家和物理学家，曾帮助奠定爱因斯坦相对论的数学基础的亨利·庞加莱以自己特有的风格对上述情况做了总结：

> 世人只是震惊于科学理论的转瞬即逝。这些理论风光几年后，大家就看到它们相继被抛弃，他们看到理论的废墟层层堆积；于是，他们预言今天流行的理论也会在短期内被抛弃，并总结说，这些理论完全是无用功。世人把这唤作科学的破产。[43]

所以气候变化只是所谓的迅速消融的冰山之一角。看起来，一旦开始思考科学史，我们就应该怀疑目前已被接受的每一个科学理论。

但这一步走得太远了。即便我们为了论证需要而认为气候变化的科学研究只不过是一连串的失败——当然，我们可提出很多拒绝

图6.1 "圣安东尼在沙漠中受到的诱惑"（*The Temptation of St Anthony in the Desert*），作者卢卡斯·克拉纳赫（Lucas Cranach），木雕，1506年（卫斯理大学戴维森艺术中心开放图片）。

图6.1：一位著名的科学哲学家曾用这幅画向我概括他的整个立场。关键是，我们可以欣然接受圣安东尼是实际存在过的人，他在沙漠中经受了各种折磨，而在很大程度上，他就像图中表现的那样对待把他带上天空的神奇野兽和恶魔。同样地，我们也可以很高兴地支持部分科学理论——关于可观察现象的主张，底层的数学方程等——同时克制自己相信其中一些更为深奥的理论细节。

这个起点的理由——但这也不是我们因此拒绝物理学、化学和工程学等一揽子科学的充足理由。然而，这似乎就是上述论证思路推荐的做法。因为，如果说我们的气候变化和环境恶化理论一路走来遇到过一些挫折，那么，人类历史上几乎其他所有科学理论都曾有过同样的遭遇。来自历史的论证走得太远，而这通常又很好地提示出这种推理存在严重的逻辑缺陷。哲学反思绝少有历史论证那般的效果。那么，到底问题出在哪儿？

知识论柔道的精湛技艺

简而言之，来自历史的论证旨在用科学反对其自身。我们有很多办法做到这一点。这种局面肯定在于，伽利略和牛顿等个别天才的工作起初是卑微的，但科学已经发展壮大成一个庞大且资金充足的事业，它与工业、政府和军队的关系也日益密切。简单地说，它已经成为"社会建制"的组成部分——它不再无私地追求真理，而

被误解的科学

是追求自身不为人知的议程。这种论点在20世纪60年代曾受到一些人的追捧，当时的人们反对科学建制与冷战时期核扩张的共谋，后来它也是对支持某种毫无根据——但经济上有利可图——的末日论环境观偏见的反对。根据这种观点，科学家控制的巨额资金并不是他们无比成功所带来的结果，而应看作某种隐秘动机的证据；庞大且相互关联的研究网络不仅表明了科学研究的全球性，而且也证明了某种共谋。换言之，正是科学的成功及其地位的相应提升等所有迹象，让我们有理由怀疑其结果。

幸运的是，这并非我心中所想的论点。虽然人们对某种隐秘议程的怀疑仍然是众多科学怀疑论的组成要素，但我们还有另外一种更有趣的办法，可让科学的力量反对其自身。反过来，我们可以用科学实践的实际办法和策略产生反对其自身的论证。我们在本书开篇讨论创世论的时候，以及在讨论一些人将其引入高中课程引发的法律争端时已经遇到过这种论证策略。创世论在20世纪20年代有很强的势力——彼时，人们还可以在法庭起诉讲授进化论的行为——但它在20世纪剩下的时间里越发处于守势了。到20世纪80年代，创世论的策略就成了争取与进化论的"平等地位"了，其理由是在所有相关的备选项中，这就是"好的科学实践"。因此，是科学本身要求世人公正地倾听创世论的声音。

然而，就创世论而言，这种策略自然是不诚实的。其目标并不是确保相关的科学备选项都能被平等对待，而是让某个具体的宗教获得更多的支持——正是这一点从根本上证明了整个策略的前后不一。最终，这个观点呼吁开放的科学研究精神，从而证明生命起源的观点本身并不支持大家平等对待相互竞争的观点。因此，它试图利用科学实践的核心原则来支持同时会破坏这个原则的立场。但鱼和熊掌不可兼得。如果"平等对待"创世论和进化论的原则背后的动机体现了开放的科学研究精神，大家就不能在支持生物复杂性起源于自发创造过程的同时，拒绝以同样的态度对待同一事态的其他所有可能的解释。反过来，我们可以轻易地争辩说，如果创世论者拒绝"平等对待"生命起源的其他替代解释，那么，科学建制也没有令人信服的理由给予他公平表达的机会。[44]

这样的观点是我的博士研究生导师称为"知识论柔道"的绝佳示例。这个想法表明，武术高手经常试图利用对手更强大的力量和势头让其失去平衡并取得胜利，创世论者同样想利用好的科学实践固有的更高的智性优点来反对其自身——与其说这像是尚格·云顿的腾空后旋踢那样把论点直接踢到你脸上，还不如说更像是史蒂文·西格尔那样挥一挥手，然后你的对手就从观点的窗口跌落下去。因此，正是因为科学要求我们秉持开放精神，我们才被迫同等地对待生命起源的其他解释，甚至哪怕放弃了科学方法论的其他原则也在所不惜。这种观点同样适用于来自历史的论证。

被误解的科学

我们都同意，从过去的例子外推从而预测未来是好的科学实践。因此——根据来自历史的论证——从环境预言在过去的败绩推断世人担忧未来资源即将耗竭和全球变暖是不足为信的，也一定体现了好的科学实践。

但这显然是来自知识论柔道手册中的另一种技术，它试图将科学方法作为反对自身的武器。正如从科学的宽容精神出发论证某种极端不宽容的态度在智性上前后矛盾一样，从科学方法论的可靠性出发论证其自身实际上不可靠的做法也是成问题的。如果我们果真不能相信科学方法论，那么，我们在尝试对当前的气候科学表明某种看法时，也几乎无法使用与这种科学相同的方法。事实上，如果我们真的无法相信科学的方法，那我们实际上也压根无法使用它，无论我们出于何种目的。因此，来自历史的论证同时破坏了我们接受其结论的任何理由——其智性效果相当于自掘坟墓，或者相当于，尼克松告诉你所有政客都是骗子，或者相当于我在此宣称，你不能相信任何书中的任何观点。

为了更好地理解这个观点的荒谬，让我们来看看下述简化情形。假设我们打算开展实验测试，并准备接受某个科学理论的真理而放弃其他备选项，具体而言，假设我们试图测量光在经过引力场时的偏折现象，并且因此接受了爱因斯坦的相对论，而非牛顿力学或亚里士多德的运动理论。我们会说，实验的证据支持相对论。现在，假设其他人站出来让我们想一想科学理论在过去的整体历史轨迹，此人指出，多数科学理论实际上未能预测我们可观察到光线的偏折现象。也就是说，牛顿力学和亚里士多德的运动理论都被证明为误。于是，我们可从这个事实得出结论说，所有科学理论最后都会走向失败——包括相对论在内。那么，我们可以说，科学理论的历史记录提供了反对相对论的证据。但这意味着同一个实验既提供了支持相对论的证据（因为它成功地预测了光线的偏折现象），与此同时，这个实验又在来自历史的论证基础上提供了反对相对论的证据（因为多数科学理论都未能成功地预测光线的偏折现象）。同一个实验不能同时既支持又反对同一个科学理论。然而，这恰恰是来自历史的论证所要求的。

探索未知

在上文讨论的两个例子中——无论我们诉诸科学探究的开放精神来辩护某种不容反对的观点，还是从得自过去的论证来削弱我们对未来的预测——我们的知识论柔道企图都失败了。尝试用科学反对其自身的做法压根儿就是愚蠢的。更具体地说，我们应该明白，人们不能用科学方法证明它本身行不通。

但基于同样的理由，我们也应该清楚，我们很难用科学方法来证明它本身是可行的。我们不能依靠科学理论在过去的成功来论证当前的科学理论也可能为真。此处的问题并不在于，任何此类论证因为诉诸它试图质疑的东西而导致了自相矛盾。相反，此类论证已经预设了它试图证明的结论——正如我们所见，这种做法很成问题。如果我们的确质疑科学方法的可靠性，那么，基于这些方法做出的论证也无济于事。对上述例子稍做修正就会变成，我们相信尼克松，是因为他告诉我们他不是个骗子。

无论以何种方式，似乎我们都无法为科学实践提供科学的评估。但这个困难有其更深层次的原因。尽管最初看上去正好相反，但来自历史的论证并不真的就是科学论证。以气候科学为例，重点是得自历史的论证本身并不能为全球变暖或自然资源耗竭提出任何具体预测。相反，它预测的是科学家对未来环境的预测在未来的结局。因此，来自历史的论证主要与做出这些预测的科学家有关，而与预测的具体内容无关。它是一个关于社会发展和人类知识增长的论证——同时也是我们目前对环境和不断减少的自然资源的信念最终会被后代视为错误的准确预测。

接下来的重点在于，来自历史的论证根本无法与我们最好的科学理论相提并论，后者包括二氧化碳的影响和极地冰盖具体热容等科学内容。相反，它是对未来的科学共同体会如何评价这些科学理论的社会学预测。一旦认识到这种区别，我们就能更好地理解做出这种预测的困难。尽管社会科学的方法与物理科学的方法紧密相关，但二者也存在诸多重要差异，我们不理解这一事实就会对预测的精确性产生灾难性影响。

我们的老朋友波普尔对二者的差异做出了有益的分析。所有科学预测都依赖一定程度的简化和抽象，这是因为现实世界过于复杂，如果我们没有优先考虑某些因素并去掉多余的细节，进而对整个系统中哪些部分可被合理地忽略做出有根据的假设，我们就无法理解它。特别是，一个好的科学实验是从现实生活的复杂性中抽象出来的，它旨在得出一个小型且易于掌控的系统，从而可以很容易地重复测试。因此，用我们最喜欢的例子来说，我们知道，简单地从塔楼顶部落下铁球并无助于我们研究重力加速度。在如此大的尺度上开展实验使我们很难获得精确的测量结果。此外，我们得自实验的任何结果都会受到其他外在因素的影响，比如铁球的缺陷，从塔楼上掉下的不同方式，感兴趣的旁观者对实验的干扰，以及最重要的空气阻力的影响，等等。为了使研究取得成功，我们需要在高度受控的实验环境中隔离相关因素——甚至按照伽利略的纯粹思辨风格进行简化。

然而，问题在于抽象和简化的要求在社会科学的背景下尤其难以实现。一方面，人类行为比下落的铁球表现得更为复杂；另一方面，人类行为是由广泛而错综复杂的社会互动决定的，任何把特定

被误解的科学

个体或群体与更大的社会背景隔离的尝试本身也会对研究对象产生重大影响。正如波普尔所言：

> 物理学的方法是实验，它引入了人为的控制和隔离，从而确保了类似条件的再现以及随之产生的某些特定影响……（然而）人为隔离恰好会消除社会学中最重要的那些因素。《鲁滨逊漂流记》及其孤立的个人经济绝不可能成为有价值的经济模式，因为后者的问题恰好来自个人之间以及群体之间的经济互动。[45]

我们可以研究铁球不受空气阻力影响时的下落情形，如此，重力加速度或者铁球的质量就不会受到影响。然而，我们在研究人类行为的复杂性时，消除构成社会系统整体的无数社会互动的做法都必然对系统其余部分产生影响。另一种看待问题的方法是，我们在测量铁球落地时间的时候，可以不断重复这个实验，我们只需拿起铁球，爬上塔楼顶部，放下铁球即可。同一个实验重复上百次对我们的结果完全没有影响。因此，我们可以继续开展这个实验以获得更加精确的结果。但对于复杂的人类社会而言，已经完成的特定实验会对结果产生重大影响。最初的参与者可能年纪更大且更智慧了，相关问题的解法也已众所周知，世人已汲取了教训，错误也得到纠正。更一般地说，我们都知道，正在进行的实验会对被试的行为产生重要影响——被试愿意表现出"最好的行为"从而为相关科学家留下深刻印象。简单地说，复杂系统常常表现出一种反馈机制，但这在物理学和天文学的实验中根本不存在。

然而，波普尔提出的最重要观点也是最简单的。人类社会的发展受到人类知识状况的强烈影响。它有助于我们确定下一步的行动，以及对其结果的期待。它还有助于我们确定发展何种技术，而这反过来又会对社会发展产生重要影响。因此，为了对人类社会的发展做出合理的预测，我们必须能够对人类知识的发展做出合理的预测。但这根本不可能。正如波普尔所言：

> 如果的确存在人类知识增长这回事，那么，我们今天就无法预见自己明天会知道什么……没有哪个科学预言者——无论是人类科学家还是计算机器——能够根据科学方法预测其未来的结果。[46]

假设我们现在可以预测科学知识的未来状况，例如，假设我们知道，大家会拒绝爱因斯坦的相对论，进而支持另外一种关于地球引力和行星运转的解释。如果我们现在可以知道未来会采取这种理论，那么，我们必然能够知道采取这种理论的各种理由和考虑。如果情况的确如此，那我们就已经知道让我们拒绝相对论的证据——但如果我们真的知道这些证据，那我们就已经拒绝了

172   被误解的科学

相对论，并转而支持后来的理论了。接下来，为了知道科学知识的未来状况，我们现在必须知道自己未来应该了解的东西。如果我们无法知道未来的知识会如何发展，我们也无法知道人类社会会如何发展。

环保主义和开放社会

尽管乍一看很合理，但实际上，我们并不能对科学预测的可靠性做出可信的科学预测。这并不是多做些科学研究能够解决的。相反，当我们尝试评估科学理论的未来前景时，我们已经在对社会发展和科学知识的增长做出预测——这项任务不仅与我们更熟悉的行星轨道预测，或者与下一次日食的预测存在巨大差异，而且困难得多。因此，我们也能安心地放弃本章一开始提到的得自历史的论证。正因为许多科学理论在过去被证明为误，因此，科学理论本身并不能提供充足的理由让我们相信当前的科学理论会在未来出错。事实上，如果我们能够有信心地谈论科学史，那它最好被理解为逐渐完善的过程，我们的科学理论在无数次实验和批判性测试的过程中仔细修正，它会逐渐收敛为无比精确的世界图景。特别是，仅仅因为此前关于自然资源即将耗竭的诸多预测被证明为严重错误，并不能为我们提供充分的理由驳回最新的世界末日式的气候预测。任何预言人类历史演变和当代科学理论有效时间的尝试不仅在科学上不合理，而且也充满了智识的缺陷。

然而，不幸的是，上述讨论显得模棱两可。来自历史的论证失败的原因是——正如波普尔所言——我们无法预料我们未来会知道什么。杰文斯在预测英国到19世纪末就会耗尽煤炭资源时就是犯了这种错误。杰文斯未能考虑到，我们科学知识的改善会反过来影响煤炭资源储备的消耗速度，比如使用替代燃料来源的可能性，以及发展出利用资源的更有效方法等。这也是凯恩斯在评论杰文斯未能充分注意到技术进步——以及谈到薄的棕色包装纸逐渐过时的时候所指出的。事实上，杰文斯试图预测英国会耗尽其煤炭储备的速度时，他实际上是在预测维多利亚时代的社会以及当时科学知识的发展，这与我们试图预测科学理论在未来的可靠性时受到的误导别无二致。

所有这一切都让我们陷入了两难境地。一方面，预测科学知识随时间而进化的困难表明，我们不能仅仅因为气候预测的糟糕记录而放弃当前的相关预测。另一方面，我们无法对环境预测的可靠性得出如此负面评论的原因，也极大地限制了我们对这些预测的期待。杰文斯无法准确地预测煤炭资源的耗竭，是因为他没有考虑到石油燃料不断增加的重要性。同样，埃利希完全错误地预测了印度次大陆大规模饥荒的威胁，是因为他没有考虑当地农业技术的改善，以及全球生活水平的普遍提高对食品消费的影响。戈德史密斯对工业化即将到来的崩溃也过于自信，因为他未能考虑到工业化在其一生中取得的进步。我们此前遇到的其他众多环境灾难预言家也大同小异。任何人在预测自然资源的耗竭，或者预测某个特定行动方案的环境后果时，都必然同时预测社会将如何回应这些可能性——这反过来又涉及我们对社会发展以及科学知识增长的预测。但我们无法准确预测社会发展或知识的增长，因此我们也无法准确预测自身行为的环境后果。

当然，这些都不是我们忽略当代科学理论对环境做判断的论据。上述推理从未让我们怀疑全球平均气温在过去100年中有所上升的事实，也没让我们质疑二氧化碳的增加会影响大气中的热量这一事实。但这些推理的确提醒我们，不要在这些证据的基础上做出一些遥不可及的预测，它们不可避免会涉及我们对异常复杂的社会发展的预测。简单地说，测量全球气温的上升是科学，但预测升温的后果——尤其是社会的应对之策——则不是。科学的问题可能会有定数，但其他的一切仍属纯粹的推测。

值得注意的是，我们试图预测科学知识的增长时犯下的错误，也隐藏在当前气候变化议题针锋相对的两个立场之中。"气候变化否定者"驳斥工业对环境可能造成的影响时，他们的理由是这样的：灾难性判断向来不可靠，并且极端乐观地相信未来的科学知识会证明这些担忧站不住脚。相反，"气候变化的杞人忧天者"宣布人类即将灭绝时，他们的理由则是，我们目前的行动方案只会导致灾难，并且对我们的发展和适应能力极度悲观。但每个观点都同样带有缺陷——如果我们无法预测未来能够掌握什么知识，那么，我们也无法预知这种知识对我们有益还是有害。

对波普尔来说，无法准确预测社会发展对我们应该如何制定社会政策也会产生重要影响。它提醒我们不要采取自上而下的大规模规划，进而在官僚主义的突击作用下产生一系列影响深远的社会后果。问题在于，计划越大，后果越深远，众人赋予社会发展和科学知识增长方面的权重也越大——因此，任何此类规划也一定会变得越发不可靠。这与采取一系列较小的、自下而上的干预措施形成了鲜明的对比，这些措施一次仅处理一个问题。关键不在于这种零敲碎打的做法能够更好地预测社会发展，而仅仅在于，迈的步子越小，出错的后果也越不严重。此事关乎我们对错误的掌控，也关乎制定政策来限制有限的知识对社会发展过程造成的破坏程度。

2009年哥本哈根气候大会这样的国际峰会最终失败，不仅体现了外交层面的不切实际，而且还体现了科学上的失败——再次强调，我们并非从工业污染和全球气温的角度，而是从这些问题与解决它们的独特社会学问题相混淆的方式得出这种结论的。此外，对

　　　　　　　　　　　　　　　　被误解的科学

波普尔来说，这些大规模规划存在固有的风险。他写道：

> 原因在于，每次大规模规划的尝试，温和地说，都必然会在相当长时间里给许多人带来相当多的不便。相应地，总有人反对并抱怨规划。而乌托邦工程师（即大规模规划的制定者）如果想要取得任何效果，则必然不会听取众多抱怨者的怨言；实际上，压制不合理的反对意见将成为他的工作的一部分。但抱怨者的存在也必然会让工程师压制合理的批评。而且，不满的表达必须被遏制的事实甚至会令满意的热情表达降低至无足轻重的地位。因此，我们难以确认宏大规划对单个公民的影响程度；进而，科学的批评也不可能实现。[47]

第七章

解局者

在科学史的第一堂课上，我知道了不存在科学革命这回事。对于一位思虑周全的老师而言，这真是个十分戏剧性的开场，尽管我会很遗憾地说，它对我已经没什么智性影响了，因为我早已清楚，科学革命的确存在，只是我理解错了。我当时明显对这个主题一无所知，甚至到了科学史都没弄懂的地步，且不说教授还会不断地鞭策我，最终，我对这个主题有了更深的理解。对我而言，接下来8周的课程都用在了仔细刻画通常所谓的科学革命时期——16世纪中期到17世纪，以哥白尼1543年的《天体运行论》为起点，牛顿1687年的《自然哲学的数学原理》为顶点——的独特发展和背景之上，终究，这一时期明显没有那么独特和重要。实际上，学术界的情况往往如此：一方面，你会通过推翻和拒绝一些受到长期珍视的传统观念来证明自己聪明过人；但有时候，你也需要花上一些时间和精力向所有人解释这些长期受人珍视的传统观点，最后别人才会对你拒斥这些观点的行为留下深刻印象。

多年以后，我才终于理解了老师试图尝试论证的观点。甚至不是那么熟悉漫画书及其近期的电影版本的人也能证明，我们尝试理解周遭世界的最自然和最无可抗拒的方式就是追根溯源，它旨在把某个特定的时刻确定为万物的开端。我们想知道超人是如何从氪星来的，或者蝙蝠侠是如何受到心理重创的——或者更好的说法，讲一口流利的法语腔的尚格·云顿怎么会有一个失散多年的美国兄弟，而且后者还在泰国的无限制跆拳道比赛中惨受重伤。如果我们能确定一件事最初的具体情况，那么，我们就能明白接下来发生的所有事情，更重要的是，我们由此就能理解局面为何就成了现在这样。同样，如果我们能确定科学革命发生的时间和原因，我们也能更好地理解现代各种复杂的科学实践。然而，我的教授尝试论证的观点在于，我们实际上很难把某个特定的时刻，或者某个特定的智性成就当作现代科学的起点。事实上，我们已经看到，划定如此严格的界限会遇到一些问题。以哥白尼为例，我们知道他那著名的太阳系日心说模型并非原创，而是一个被世人讨论了上百年的观念，甚至远在公元前2世纪的托勒密都曾讨论过。我们也知道，虽然哥白尼可能以无与伦比的数学复杂度表达了日心说模型，但他这样做的动机并没有完全把自己突显为现代科学思想家。哥白尼的模型并非基于任何新的实验，也没有产生任何新的或更准确的预测，甚至在任何显而易见的方面都不能说比托勒密系统简单。实际上，哥白尼对完美的几何圆的特殊痴迷，以及对太阳的半神秘崇敬心态让他更像中世纪的神秘主义者，而非现代科学之父。

因此，我们尝试确定现代科学起源时会遇到的问题在于，人类活动绝不是界限明确的，我们也无法找到一个明确的时间点，在那之前的所有人都在无知和迷信的狂想中拼命挣扎，而那之后的一切都遵循严格的实验和同行评议机制了。哥白尼提供了一个详细的数

被误解的科学

学框架，太阳系的地心说模型在其中可能会受到挑战——但这个数学框架却受到托勒密眼中荒谬宗教世界观的启发。伽利略阐述了一种惯性运动理论，最终让地球也在太空中迅速旋转的想法变得合情合理——但他从未对这种新科学方法做出引人注目的演示，而科学共同体的其他人也最终出于嫉妒和政治私利让他噤声。牛顿最伟大的成就是证明了地球和地外现象（即落下的苹果和旋转的行星）如何能纳入同一套物理定律之中，这个囊括了时间因素的大一统理论毫无疑问扩展了科学的视野——但他同时把大量时间投入到炼金术和玄奥的思索之中，并且明确地把地心引力当作上帝为团结万物而对自然界做出的干预。

因此，找到我们能够有信心地断言世界的确已经变得真正科学的时刻，真是个相当大的挑战。实际上，鉴于社会上还充斥着很多虚假知识——最有争议的两个例子就是顺势疗法和精神分析——我们甚至可能开始怀疑是否有过科学革命这回事。但还是要承认，我们在研究自然和科学的隐藏的奥秘方面取得了一些进展。相比之下，尝试确定现代科学源头的问题则在于知道我们需要往回追溯多远。我们可能会有几分底气地争辩说，哥白尼至少对科学思想中一系列重大发展做出了贡献。因此，尽管哥白尼可能并未完全从前科学思维中解放出来，但他的工作首先是让地球动了起来。但哥白尼并非在与世隔绝的环境中工作。举个简单的例子，他必须对托勒密的太阳系模型十分熟悉，才可能对其做出改进，并且移除所有那些可怕的偏心圆和偏心匀速点。在这个意义上，也许我们应该争辩说，科学革命实际上起源于托勒密，毕竟是他最终刺激了哥白尼的研究。但托勒密写作的大部分内容实际上是对已有天文观测的汇编和系统化。因此，也许我们实际上应该将科学革命追溯到第一个开始记录夜空景象的人。同样，伽利略可能确实已经把最终推翻亚里士多德运动原理的必要框架合并，这种运动原理为世人接受哥白尼的日心说模型设置了严重障碍——但话说回来，只有在亚里士多德世界观中，惯性运动的问题才变得显眼并且需要消除。因此，也许我们应该把科学革命追溯到公元前4世纪的亚里士多德，他至少着手整理了一系列理论和观察结果，这也是后来的思想家们得以反叛的前提。但这自然又反过来提出另外一个问题，因为亚里士多德本人也常常回溯既有的传统，并提及其他更早的思想家，如此等等。

当然，在某种意义上，历史已经彻底摆在我们面前。我们在西方传统中发现的科学革命的最早历史源头可能是米利都的希腊哲学家泰勒斯，他的盛年期大约在公元前6世纪初，活动范围位于现在的土耳其西海岸。泰勒斯对现代科学的贡献——在这个意义上，他的学说向来被视为现代科学的最早源头——是提出了"万物由水组成"这个主张。不可否认，这个主张乍一看并不是一个让人印象深刻的科学假设，特别是，它明显是错的。但实际情况比这更糟糕，因为没有人从一开始就真正理解了泰勒斯所谓的"水"的含义，也没有人真的理解泰勒斯在谈到一个事物由另一个"组成"时所表明的事物关系。实际上，如果对此足够诚实，我们会承认自己压根不太了解泰勒斯，更不用说他的科学世界观的细节了。[48]我们不知道泰勒斯是否相信宇宙万物都是由某种物质组成——由此，周遭世界的宏观差别可以通过这些物质的不同排列加以解释——也不知道他是否认为宇宙中的万物在一定程度上都是从某种单一的原初物质涌现或演化而来。就这个有史以来最重要的科学理论竞争者而言，万物由水组成的主张的确存在许多不足之处。

然而，泰勒斯的有趣之处并不在于他的理论内容，而是这个理论体现出的推理方式。最终，泰勒斯解释的核心特征在于，我们可以尝试从世界本身的角度解释世界，而不用诉诸世界之外的东西。例如，万物由水组成的断言，可以理解为我们在世界上看到的不同物体和现象共享某种特定的内部结构，理解了这种底层结构的特征和表现——"水"相互作用的方式——我们就能反过来解释由它构成的更大的对象和更复杂的现象。或者，断言万物由水组成也可理解为，这句话具体说明了一些普遍的抽象原理，它们统一了我们感兴趣的不同现象。无论何种方式，泰勒斯的断言都表明，我们能够观看对象本身并理解其运作方式。简而言之，这句断言体现了世界是可理解的独立系统，而我们所知的科学研究实际上可能是某种独特的探究形式。这个想法在当时的确显得非常激进。

凡人的生活，犹如树叶的聚落

　　另一种思考泰勒斯的解释的方式——我们甚至可称之为革命性的——就是明确拒绝追根溯源。泰勒斯提出我们可以着眼于单个组成部分的内在结构来理解周遭世界时，他实际上拒绝了长期以来备受珍视的传统观点，即所有的解释最终都涉及追溯事件的起源。这种观点几乎渗透到泰勒斯知识背景的各个方面，从文学和政治到宗教和历史，而拒绝这个传统并开创新的探究才是他的真正创新所在。讽刺的是，米利都的泰勒斯提出的这个主张向来被视为科学革命之最终源头的理由恰好在于，他让原本备受尊崇的追寻万物本源的做法——包括科学革命在内——实际上成了不值得效仿的事。我的历史学教授会同意这种看法。

　　另一个值得进一步深入探讨的问题是——从某种意义上说，令人满意的解释会向内推进，而非尝试从源头处理解万物——泰勒斯的观点在他那个时代的革新程度。当然，我们都熟悉希腊神话那种不正常的肥皂剧，其中各路暴躁且十分惹眼的神灵掌控着自然界以及生活其中的倒霉凡人，舍此，他们也干不出什么好事。雷声隆隆、电光闪闪的原因是宙斯正在向大地撒怒。当时没有解释风暴的底层机制，也没有预测风暴的气象学一般原理——而只能将其源头追溯至奥林匹亚山的坏天气。海浪滚滚、大地震颤的原因是波塞冬也处于类似的情绪之中。大地的轮廓标志着大型战斗的结果，而非逐渐侵蚀的过程，四季的节奏则是一些神与其妻子家庭矛盾不断的表现。

就像生活一样，古希腊人对起源的强调也与他们的政治密切相关。与众多早期社会一样，一个人在古希腊的地位很大程度上取决于他在部落或家庭中的关系，也就是说，取决于人的谱系源头。这意味着，真正卓越之人并非按照抽象的道德原理行事，而是基于亲属和血缘关系行事；大家期待他把家人放在其他所有人之前，而他也几乎无法理解现代的人人平等观念。因此，荷马的《伊利亚特》里全副武装的精神病患在特洛伊海滩彼此遭遇时，每次血腥战斗之前都会对所有人的家谱展开漫长的描述也并不仅仅是出于叙事的目的了：

> 希波克洛斯那高贵的儿子坚定地回答道："堤丢斯果敢刚毅的儿子，你为何询问我的出身？凡人的生活，犹如树叶的聚落。凉风吹散垂挂枝头的旧叶，但一日春风拂起，枝干便会抽发茸密的新绿。人亦如此：一代人降临，另一代人离去。但我的出身，如果你愿意了解，从头到尾——尽管很多人都已知晓——我便细细道来。"[49]

接下来就是一个神秘祖先的漫长故事，他被嫉妒的女王欺骗，然后被流放去对抗可怕的怪物，他在遥远的他乡赢得名声和财富，然后被傲慢而充满怨恨的神灵降卑，生了一个又一个儿子……所有的讲述明显与致命的肉搏战同步推进。但这些回忆不仅仅是为了介绍角色并让我们感受到他们的实力，廉价的武侠电影才会展开这种无休止的对话，这些家谱真正解释了这些事情发生的原因，因为正是一个人的家族起源决定了他的义务和动机。希波克洛斯和堤丢斯的儿子们相遇在特洛伊，是因为在遥远的过去，他们双方家族中有人向另外的人宣过誓。这种解释侧重于两人的出身，而非任何的个人算计或遭遇；凡人的生活，犹如树叶的聚落——如果这句适用于战争、荣誉和恩义的政治世界的话，那么也一定适用于风暴和雷电的物理世界。

一些事情从其底层结构中能更好地加以解释的观念的确是泰勒斯的革命性贡献。但我们也应该立即注意到，泰勒斯关于万物由水组成的论点也具备重要的叙事优势。在早期希腊思想中广泛存在且占据主导地位的谱系世界观的一个问题是，它常常会导致冲突。例如，古希腊人会从家庭或部落结构的地位中理解其道德义务，他可能会出于荣誉感的需要而与有恩于己之人势不两立。尽职尽责的统治者会面临一种无法化解的困境，即在人民的最大利益和家庭的最大利益之间做出抉择。虔诚的女儿可能会面临忤逆父亲和让兄弟蒙羞的艰难选择。在缺乏更广泛或更普遍的伦理框架的情况下——无论是诉诸更高的（可能是神圣的）权威、功利计算，还是其他的道德准则——这些个体根本无法解决他们的冲突。正是这种紧张关系构成了古希腊悲剧的核心，个人在其中陷入困境并非出于道德缺陷，也不是缺乏德性，而是忠实履行相互矛盾的义务的直接后果。在剧院中，这些困境最终因为神圣的干预而得以解决，经过一番咬牙切齿和相互撕扯的演绎后，神灵就真的会从滑轮末端的椽子上降下——解局者，即机器中的神灵——他们抬抬手就能神奇地解决所有问题。[50]

　　实际上，在锚定此类伦理问题的过程中，我们发现柏拉图和亚里士多德等哲学家明显地偏离了谱系框架。正如泰勒斯开创了从更普遍的解释原理来理解物理现象的可能性一样——即便我们可能并不完全确定那些原理究竟是什么——我们也发现，早期对话中的柏拉图试图寻找一些更加普遍的道德原则，如此，世人就能理解这些相互冲突的义务。我们发现他会分别考虑好父亲和好国王，或者正直的女儿或高贵的客人分别意味着什么，并且得出结论说，所有这些身份必然有共同之处。他还特别指出，所有这些例子都给人履行义务或责任的感觉，即便这些义务的具体内容必然会各有不同。我们最后得到的就是一个非常抽象的伦理原则——不仅对家人友善或对敌人凶狠，而且更要直接去做应该做的事情——这为整理所有上述例子提供了一个普遍的组织原则。在其后来的作品中，柏拉图会称这个抽象的原则为正义，他将其界定为心灵在相互竞争的激情中保持适当的平衡。同样，在亚里士多德的伦理学作品中，我们也看到他主张人类生活的欣欣向荣最终可归结为，世人需要在同样的基本目的之间保持平衡关系——尽管无可避免地，亚里士多德本人特别喜欢理论推测。然而，在这两种情况下，正是道德哲学向内朝向了主体的内在结构和两难心理，而非指向主体在外部家庭等级中的角色。

同样，正如寻找起源反映了基于部落和家庭忠诚关系的特定社会秩序一样，转向内在结构和一般原则也会随不断变化的政治氛围而变化。泰勒斯著书立说之际，古希腊社会的权力中心正逐渐从荷马作品中可见的贵族军阀掌控的朝廷，转移到相对独立的城邦中的广场和市场。社会视野在扩展，贸易和商业往来以及荷马笔下的强人逐渐引领大众的生活，传统的个人仇恨和历史积怨框架对共同体的运作产生了越来越大的破坏作用。正是在这种背景下，柏拉图和亚里士多德等哲学家试图反思大众伦理交往的基础，并抽象出更为一般的原则，进而向内审视他们笔下角色的潜在心理机制——这是与寻找起源的决裂，而这一切最终都源于泰勒斯对"万物由水组成"这个主张的坚持。

目的论与悲剧

回到我们的叙事主题，有趣的一点在于，这个熟悉的文学修辞是如何帮助我们理解古希腊人早期科学思想中的某些紧张关系及其随后的发展的。举一个明显的例子，想想亚里士多德的运动理论及

被误解的科学

其相关论点，即宇宙万物都依其自身特有的倾向往其自然的长眠之处运动，因此石头往下落向地球中心，火焰则向上重新回到天空。尽管对现代科学发展发挥了不容置疑的贡献，但这终究是谱系式的世界图景，因为此间并不存在决定这种运动的内在机制或抽象原理：试图回到自然的长眠之处根本就是石头的本义，无论最初是何种宇宙灾难将其驱逐出了长眠之所。这个理论本质上是一种迎合其中核心角色的目标和欲望的叙事——而最重要的是历史背景——而非其内在属性或更一般的运动原理。

　　但现在让我们考虑这种方法在应用方面的问题，以及抛射物在亚里士多德图景中应有的表现方式。想象一下抛出的石头，或者离弦的箭。对亚里士多德而言，一切都在其自身倾向影响下回归自然的长眠之所，这种运动——即水平线上的延伸位移，而非石头在离开手的那一刻径直向地面坠落——似乎特别难以理解。为了让抛射物保持直线运动，则必须有一个连续的力推动它朝目标运动。然而，虽然这种说法可能更适用于马拉车这样更普通的例子，或者也适用于某位炼狱式的希腊英雄反复推巨石上山的例子，但我们很难看到这幅图景如何应用到抛射物的例子上；毕竟，一旦石头离开了手，或者箭矢离开了弦，似乎与抛射物接触的必要动力就消失了。当然，这个问题最终被伽利略解决了，他认识到惯性运动的更一般原理——并且一旦箭矢开始运动，仅剩的问题就是解释空气阻力和引力的相互结合如何最终让它停了下来，而不是像在真空中那样一直运动下去。然而，对于亚里士多德而言，他只能从物体的倾向或外在干预的角度理解运动，如此看来，抛出的石头在被释放的那一刻就应该直接坠落到地表。

亚里士多德对这个问题的解决方案——至少是他解决这个问题的办法之一，因为他在作品中曾左右摇摆——是认为，空气在抛射物运动时会被推到侧面，并且迅速填补其通过的空间。而正是被置换的空气提供了抛射物持续运动所需的恒定压力，而压力也会在空气阻力的作用下逐渐消失，此时，抛射物就落到了地上。这并不是一个十分令人满意的解决办法，许多中世纪的评论者都惊讶地发现了这一点。例如，它无法解释绑了流苏和飘带的箭矢在射向天空的时候，箭矢上面的流苏会向后飘扬，而非如亚里士多德的机制所暗示的那般被推向前方，它同时也无法解释如果石头和羽毛做成的球在大小相同的情况下，为何石头更容易扔得远些。

更重要的是，这种推理近乎前后不一。一方面，亚里士多德把空气视为抛射物飞行过程中的主要动力因素——箭矢前方被压缩的空气迅速跑到后面填补真空并推动箭矢向前运动。但另一方面，如果情况如此，我们也无法把空气视为最终阻止抛射物向前运动的某种阻力。要么空气冲向抛射物后侧并推动它向前，要么它停留原地阻止抛射物的运动，但二者不能同时成立。因此，

　　　　　　　　　　　　　　被误解的科学

如果亚里士多德是对的，即抛射物是被迅速回填的空气推着往前走，那么，这个抛射物最后如何停下来就缺乏解释。从谱系的角度思考物体的运动的话，某物会被中间物及其最终的源头决定，我们似乎就会在抛射物的运动上达成相互矛盾的结论。抛射物要么根本不动，因为它们的自然倾向会在它们被释放的瞬间起作用；要么会永远运动，因为能够让它们减速的唯一因素会一直推动它们向前。

然而，尽管存在这些无可辩驳的困难，谱系方法仍顽强地发挥着作用。当然，一种解释直接就诉诸已有的智性传统的自然惯性——当人考虑到正是亚里士多德的思考框架代表的思维惯性如此难以兼容时，就更讽刺了。但还存在一个更普遍的困难。尝试从个别对象的内在结构解释其行为的确很有诱惑力，但我们并不总是清楚如何将这种理论倾向推广到整个世界。当然，问题在于世界整体上是完全独特的，因为我们也没有其他可与之比较的世界。于是，我们可能就缺乏对世界上的各种现象进行分类的普遍抽象原理，也没有现成的更广泛的行为模式。同样，我们很难看出整个世界的底层结构，因为任何更小的组成单位——个别的对象、亚原子粒子等，无论泰勒斯在谈到"水"的时候心中想到了什么——都只是我们试图解释的世界的组成部分。

一旦我们开始按这个思路推理，泰勒斯的原初科学解释一开始究竟如何可能成立的问题自然就会出现。世界的某些部分可从普遍原理或底层结构的角度得到理解这个事实似乎本身也需要进一步的解释，这直接又把我们带回到了起源的问题。柏拉图和亚里士多德都在追问，为何我们不能设想世界是由某个强大的创造者或"造物主"塑造的；举个更现代的例子，英国博物学家威廉·佩利曾问道：

> 假设我在走过荒野的时候踩到一块石头，这块石头是如何出现在这里的，我可能会回答说，我所知的一切都与此相反，它一直都在这里；我们也难以证明这个答案的荒谬性。但假设我在地上发现了一块手表，就应该询问它是怎么就到了这里的；我几乎无法给出刚刚这个答案——即，就我所知的一切而言，这块表可能一直都在这里……当我们上前观察这块表时，就会发现（这是我们在石头上无法看到的）它的一些部件经过加工并被有意地拼在一起，例如，这些部件排列规整并且相互协调以产生运动，而这种运动又被校准以表示一天的时间；如果不同部分的形状和大小不是现在这样，或者它们以别的方式和别的顺序固定，这个机器里就不会有任何运动，我们也没有任何办法回答它目前的用处。[51]

这与泰勒斯的方法正相反，尽管后者可让我们超越狭隘的谱系方法中固有的矛盾，但它也必然为自己的解释设定了界限。我们在

被误解的科学

寻找起源时，自然会超越被讨论的系统本身；但着眼于系统内部所能解释的问题时，我们便无法对系统本身提出质疑。

住满蜘蛛的星球

在这个主要致力于科学叙事的章节中，或许我们只能期待折中的办法招致曲解。我一直尝试指出，思考科学起源的最有效方法不在于特定的实验发现，而在于转换描述世界的方式。特别是，我一直试图指出，科学的解释——即从十分抽象的角度思考——旨在从事物本身的角度，从其内在结构、组织原则做出理解，而非从外部（通常为神灵）来源追溯它们的起源。但讽刺的是，我在一定程度上也是通过追溯现代科学的源头来做到这一点的，但我们先把这归结为戏剧天赋。

我们已经看到这种方法的众多优点，突破谱系思维的办法同样体现在古希腊道德和政治生活安排的发展之中。尽管如此，我们还是看到这种方法存在一些实质性的局限，令人惊讶的是，它似乎又把我们带回到了起点。从内在结构或某种更高的组织原理解释事件或现象只是事情的一个方面——但在面对整个世界时，我们似乎就没有额外的内在结构可用了，对于完全独特的对象而言，自然也不存在更高层级的组织原理。我们在理解这一点的时候，整个存在之谜（我找不到更好的表达）似乎只能从源头处寻找答案，我们并没有别的选项。为了与谱系思维决裂，我们发现自己被迫重新捡起这种方法，以便解释其他各种解释可能成立的原因。追溯科学思维的源头时，我们发现自己再次诉诸神圣。

传统上，世人已经为上帝（或者至少是某个全能的创世者）的存在提出了各种不同的论证。其中一些尝试从纯粹逻辑的角度立论，它们煞费苦心地解释概念，十分虔诚地分析定义，而其他一些则直接诉诸相关个体的私人信念。对于那些尚未完全相信结论的人而言，这两种办法都不是特别令人信服。但上述推理却提供了更偏经验层面的办法。我们追随泰勒斯一道与传统的追溯源头的办法决裂，并从现象的内在结构或其更高的组织原理的角度构建我们的解释，最后摆在我们面前的问题就成了，为何世界会如此安排，以至于刚好就存在让这些解释得以成立的恰当的内在结构，以及更高层级的组织原理。这又提出了一个问题，即为何世界会在其结构中表现出如此清晰的设计或目的——它暗示对此唯一的解释必须追溯至世界起源的创世行为。这种思路又称上帝存在的目的论论证（teleological argument），它得自希腊语中表示设计或目的的词"telos"，这种思路似乎是我们一直在探索的科学思维的显著特征的结果。

当然，现在大家普遍认为，这种对世界的目的论推理已经因为进化生物学的发展而彻底失败——或者至少，鉴于智能设计论在美

　　　　　　　　　　　　　　　　　　　　　被误解的科学

国某些校董中的持续流行，这种推理其实应该早就被进化生物学彻底驳倒了。大家一定同意，基因变异和自然选择的结合为显而易见的设计证据提供了替代解释，即便人们对于前者是否更好地解释了这些证据仍存在分歧。此外，基因变异和自然选择为我们提供的解释也会令泰勒斯满意，这种解释旨在从更早和更简单成分的角度，为我们解释世界最普遍的特征，而没有进一步援引外部源头。在这个意义上，进化似乎有助于我们认识泰勒斯的科学理想，这种理想的智性框架解决了柏拉图、亚里士多德和佩利等人对于如何与谱系方法决裂的困惑。事实上，鉴于从可证伪性（甚至更严重的）或者方法论的自然主义方面刻画真正的科学实践时面临的多种困难，介于创世论起源故事和着眼于内在特征的进化论之间的宽泛对照可能在事实上提供了一个更合理的划界标准。

然而，虽然进化生物学无疑会成为当代人反对目的论的焦点，但从这个角度理解目前的局面会面临许多严重的问题。曲解不断出现。在为明显有序排列的自然界提供替代解释时，进化论肯定会抨击如下主张，即神圣干预是这些特征得以出现的唯一可能方式。即使最忠诚的创世论者也不得不承认，神圣设计的论证在一定程度上缺乏数学证明那样的逻辑有效性。但我们可能提出的任何其他替代解释都是如此，达尔文开创的特定解释也包括在内——正如我们可以一路追溯智能设计论的例子直到古代，我们也能为其反面建立同样令人印象深刻的谱系。

早在达尔文发表《物种起源》100年前的18世纪50年代，我们的老朋友休谟就曾在著作中思考了目的论推理的各种缺陷。与此前的伽利略一样，休谟以三个朋友的对话体形式（而非直接以哲学论著的形式）展现了可能成问题的神学观点。这个讨论从头到尾都维持了表面的虔诚，它并不关注上帝本身的存在，而是着眼于大家得出其存在的不同方式——尽管细心的读者到最后一定会注意到，所有这些方法都具备不可弥补的缺陷。在这场对话中，克里安西斯提出了自然神学家的观点，他认为上帝在创造中显露自身，他还恰当地提出了一系列神学论证。德梅亚是他的反对者，这位更加老派的神学家相信，上帝的知识得自信仰和理性的反思，他最终让对话陷入紧张的氛围；而斐洛这个普遍的怀疑论者和搅局者在很大程度上就是休谟的化身。

斐洛发现的一个主要问题是，智能设计论具有高度主观性。我们可以从各种不同的角度理解身边的证据，因此，也可以提出许多不同的可能解释。特别是，虽然我们认为生物复杂性并非以随机的方式产生，但认为最终原因一定类似于某种智能的人类设计却显得过于妄自尊大了。正如斐洛十分有趣地指出：

> 婆罗门断言，世界起源于一只无比巨大的蜘蛛，它把整个复杂的物质从肠子中旋转出来，然后再将这一切吸入并分解为自身的本质，万物由此湮灭。这种宇宙观在我们看来是荒谬的；因为蜘蛛是可鄙的

　　　　　　　　　　　　　　　　　被误解的科学

小动物，我们永远不可能把它的行为方式当作整个宇宙的模型。但即便在地球上，这也是一种新的类比。如果有一个住满蜘蛛的星球（也不是没有可能），这个推理就会显得很自然，并且会像地球上的我们把万物的起源归结为智能设计那般无可反驳，正如克里安西斯解释的那样。有序的系统为何不能从腹部旋转出来，就像从大脑中产生出来那样，克里安西斯也难以给出令人满意的理由。[52]

我并不熟悉休谟此处谈到的印度教宇宙元素；但我认为他的读者并不会漏过设计论的拥护者提出的美妙暗讽，就像蜘蛛从屁股里拉出蛛丝一样。

在对话的末尾，休谟甚至考虑过从统计而非超自然的角度解释设计论成为明显证据的可能性，以及良好适应的生物体是否可能随机产生于某种东西的试错过程。接着，他又以怀疑论者斐洛之口表达了这个观点：

> 因此，尽管我们会坚持认为动物或植物身体各部分都有其用处，并认为它们彼此之间会奇特地相互调适，但这是徒劳的。我很想知道动物如何生存，难道它的部分身体只能这样调整才可以吗？难道我们没发现，这种调整消失后，它就会消失，身体也会腐烂，进而表现出新的生命形式？事实上，世界各组成部分调整得如此之好，甚至一些常规的生命形式也立即会接手这些腐败的物质：如果不是这样，世界

还会存在吗？世界必定不会像动物那样分解吗？抵达新的地方，面临新的环境；直到经历了伟大但有限的演替，并最终落入现有的或类似的秩序之中？[53]

　　当然，如果有人认为休谟在此预见到了达尔文的生物学革命则彻底犯了时代错误。例如，他并没有为试错得以发生的过程提出任何机制。但就目的论推理的哲学评价而言，他的确完全理解了进化论的意义——我们在周围世界中能找到有序组织的生物体，它们并非某种更高等级的智慧生命的有意为之，而压根儿就是因为任何更低等级的生物体无法活到被我们发现之时。

　　但这并非故事的应然走向。故事的发展应该是，达尔文的革命最终为我们提供了克服这种目的论推理的智性资源，并最终完成了始于泰勒斯的谱系思维突破。如今很多专家学者和通俗作者接受了这种叙事，并且专门著书论证这种观点为真。然而，如果进化论的核心观念在达尔文前往加拉帕戈斯群岛之前就已经流行了上百年时间，我们也难以看到这一切如何就可能为真；他的理论的细节可能有助于让这个替代解释更加充实和生动，但最终并没有给这个问题增加任何内容。

　　因此，我们一开始寻找现代科学源头时，似是而非地将它定义为对搜寻起源的拒斥。与此同时，探索这种智性转换的局限时，我们发现自己也面临另外一种搜寻起源的做法，这次关乎有序组织的世界的存在，这个世界可以从各种非谱系角度加以解释。我们期望解决这种冲突的常见方式——经由广义上进化论思维的发展，进而用自然选择的试错过程取代有意的设计——完全与我们讨论的问题毫无关联。在这一点上，我们的叙事可能更像歌剧而非荷马史诗，现在是时候把它们合二为一了。

大结局

或许不足为奇的是，世人对自然界的谱系思维在达尔文革命之后依旧存在。毕竟，进化论的核心解释观念已众所周知，并且在达尔文的《物种起源》上架前就已经流传了近百年时间，但它丝毫没有减少大家对我们周围世界之起源的热情——的确，威廉·佩利在休谟正面攻击的许多年后仍旧提出了最为著名的谱系思维示例。因此，同一个解释策略的再次迭代升级绝不会一劳永逸地解决这个问题，哪怕达尔文的自然选择进化论具备更卓越的技术表达，而且它肯定比休谟在其对话体中呈现的初步想法更有说服力。问题很简单，与直接将生物复杂性追溯到某种神圣匠人的做法相比，自然选择原理肯定提供了生物复杂性的替代解释，但它本身并不足以证明谱系方法必然是错的。即便我们接受自然选择原理必定为生物复杂性提供了更好的解释，但这也不足以证明威廉·佩利错了，因为最好的解释并不总是正确的解释。抒情地描写进化思维无可置疑的优点有其重要的修辞作用，但却无法对其背后的逻辑观点做出任何推进。

当然，休谟很清楚这种论证策略的哲学局限，因此，尽管他对智能设计论证提供了绝对强大的替代解释，但实际上他志不在此。休谟的核心观点在于，这种谱系推理在其核心处存在严重的紧张关系。一旦我们意识到柏拉图、佩利以及当代创世论者实际上都在诉诸类比论证后，这一点就很容易理解了。他们的起点都相对没有争议。我们自然会同意，大家在看到出于某个目的而故意设计的手工制品或机器后——比如荒地上的怀表——完全合理的推断是有人在一开始制造了它。这个论证让我们考虑自然界中也存在类似的秩序和目的，然后得出结论说，为了保持智性上的一致，我们必须推断整个世界也存在类似的创造者。

然而，问题在于，类比必须满足两个相互竞争的要求。一方面，我们希望论证尽可能有说服力，这要求人造物和适应良好的物种尽可能相似。我们越是让自己相信怀表和手指必定展现了同样的刻意设计，为两者提供类似的解释就越合理。另一方面，我们也希望论证的结论尽可能完整，因为到头来，这个论证并不旨在帮助我们得出已知创造者的存在，而是帮我们确立上帝的存在。但如果是这种情况，那么，我们就并不希望人造物和适应得比较好的物种过于相似，否则我们最终推论出的创造者直接就是我们自己——这个相当普通的神灵的能力基本上与各地的工匠差不多，而且他肯定无法从宗教奉献和赞赏方面加以辩护。这两种渴求自然相互抵触，并且任何谱系推理的核心处都存在这种两难。休谟直截了当地表达了这种观点，因为他（或者更确切地说是斐洛）注意到：

> 根据有神论的真实体系，天文学的所有新发现都证明了自然作品的恢宏壮丽，它们为神灵存在增加了许多额外证据：但根据你那有神论的实验假设，如果我们去除它们与人类技艺和设计的全部相似性造成的影响，这些发现就成了众多反对意见。[54]

创造越是令人印象深刻，创造者就越强大——但同时，自然世界越壮观，它与普通人造物的类比就越是缺乏说服力，世界本身一定也经过同样的设计这一推论就越是不能令人信服。

因此，智能设计论的真正问题并不在于缺乏科学证据（我们就是沿着这条路一路走来的），也不在于其研究框架的重大局限性（尽管这也很重要）。智能设计论的真正问题在于其叙事方式——它旨在讲述一种特定类型的故事，但这个故事过于线性而无法解决其核心冲突。它致力于讲述一个意在强调自然世界之谱系源头的故事，从而激发出世人对最终创造者的信仰，但这个故事必定淡化谱系起源，进而避免让世人信错了最终创造者。这一切都是个悲剧，在这种情况下，神的干预几乎无望帮助我们解决上述内在矛盾，因为具有讽刺意味的是，正是神的干预才让整个论证得以确立。

因此，作为我们科学研究的组成部分，我们最终讲述的那种故事几乎与我们对方法论或实验的选择一样重要。正如过于强调我们的方法论的任何特定方面都会误导我们对科学的思考——比如把全部科学都归结为证伪的过程，或者在不承认解释的重要性的情况下提高实验的作用等——过分关注任何特定的叙事风格也会带来困难。放弃从广泛的谱系学的角度理解自然界的复杂性，并避免从其最终起源的角度解释万物，这只是事情的一个方面；但这与完全放弃解释不可同日而语，我们需要警惕，以免前者导致后者。

智能设计论中的潜在张力涉及我们究竟如何解释自然世界的复杂性，一方面，我们需要把它贴切地设想为人类技艺的类似之物，从而加强类比，另一方面，我们需要把它当作明显超出人类技艺的东西，从而激发出某种相称的神圣源头。我们可以从这种认识中获得的一个教训是，自然界的复杂性主要是个主观问题——天体在数学层面的和谐，或者物种对其环境的惊人适应性都可归结为人的立场。据此，我们很快就能得出，周遭世界实际上并不是特别有序的或者经过任何设计的。不必要的死亡和痛苦，破灭的希望和破碎的梦想，以及无边的荒凉和空无一物的空间，从某个角度看，我们甚至可以得出如下结论：整个创造只是一场全能的事故，充满敌意且毫无意义，它令人信服地反驳了任何神圣创造者的存在，他们才不

被误解的科学

会坐视事态如此糟糕而不管。[55]

这个观点在我们日益世俗化的社会中越发流行，并且的确形成了自己独特的叙事传统，也许20世纪上半叶的存在主义作品最能体现这种风格，而且还渗透到后现代主义的各种虚无主义路线之中。在这些作品中——比如小说、戏剧以及更加直截了当的学术作品——我们通常会在它们对与智能设计论相关的神圣启示的有趣颠倒中，发现世界从根本上说是无序的。萨特在小说《恶心》（*La Nausée*）中为我们呈现了一个平淡无奇的例子——主人公安托万·罗冈丹是一位逐渐无法理解周围世界并苦苦挣扎的作家，他坐在公园里的时候被世界那无边无际的无意义击中。根据自己的经验，罗冈丹尝试用语言表达这种感觉：

> 喜剧性的……不，不到这种地步，任何存在都不可能是喜剧性的；这种感觉就像滑稽歌舞剧的某些场面一样模糊，几乎捉摸不定。我们是一群对自己造成妨碍和窘迫的存在物，我们压根儿没有存在的理由，所有人都没有，每个存在者在自由状态下都会感到窘迫和一丝病态，并且会感觉自己相对于其他存在而言是多余的。多余的，这就是我能够在这些树木、栅栏、卵石之间建立的唯一关系……我模糊地梦想着自杀，从而可以消灭掉这些多余存在物中的一个。可是连我的死亡也是多此一举。我的尸体，流淌在这些卵石和树木之间，流淌在这迷人花园深处的血迹，都是多余的。埋在地里的我的腐烂的肉也是

多余的，还有我的那些骨头，最后被洗净、剥皮，变得清洁，清洁得像牙齿一样也是多余的；我从来都是多余的。[56]

这听上去有些沮丧，但实际上，如果你在巴黎咖啡馆的暖意中就着烈酒仔细回味，倒也十分惬意。

然而，尽管这种智性上的故作姿态可能更适合玩世不恭和愤怒的年纪，但它也是必须谨慎处理的对象。一个完全缺乏秩序和结构的世界不仅没有神圣的创造者，而且也一定是我们永远无法预测和解释的。如果缺乏底层的构成原理，不管我们从受物理规律支配的单个对象的运作方式的角度，还是从神圣技艺的角度看待世界，它都显得任意而多余。为了从事科学研究，我们必须假设伟大的宇宙混沌中存在某种排列原理，我们在混沌中发现了自己——也许不是机器中的另一个上帝，但这个发现肯定足以让我们停下来思考。

　　　　　　　　　　　　　　　　　被误解的科学

结语

世人对自然科学的哲学研究直到18世纪末才真正形成规模。在此之前，哲学家们相互之间当然也对实在的本质，以及我们经历的一切是否就是梦境等紧迫问题争论不已。但本书关注的特定问题——科学实践的客观性，真正的科学研究与伪科学的胡说之间的区别，以及科学方法的真正含义等——实际上在更加晚近的时候才出现。它们很大程度上受牛顿工作的启发，一方面，他证明了人间和天上的现象实际上都可以通过相同的力学基本原理描述，这极大地简化了我们对世界的科学理解，另一方面，他用十分先进的数学语言表达这些原理，又让理解变得异常复杂，因为仅有少数人能够轻易地理解它们。当然，这又让我们关注到科学理论应该达到何种程度，以及能够理解周遭世界跟能够准确预测其运作方式是否就是一回事等问题。此外，科学理论揭示的世界越发与我们的日常经验相悖——地球被移出了宇宙中心，并且以难以置信的速度绕太阳旋转，尽管所有证据明显都与此相左——因此，更加紧迫的是去解释这种违反直觉的图景为何能够为我们提供准确而可靠的知识。

这个问题让当时一些最伟大的思想家们绞尽脑汁，但德国哲学家伊曼努尔·康德对相关讨论的影响最大。康德哲学的核心思想是认为知识本质上是一种协作的事业——他认为，尽管外部世界可以通过我们的感官媒介提供原始材料，但这些材料必须经由我们的认知官能加以塑造和组织，最后才能成为有意义的信息。这种观点与当时广泛流行的哲学共识形成鲜明对照，后者把认知视为纯粹的被动过程，我们的心理生来就配备了白板一样的东西，就等着外部世界在上面留下痕迹。然而，正如康德指出的，如果没有某种组织原则，这个过程只会得出混杂的喧嚣和骚动而没有半点意义。康德对认知官能塑造和组织知识的具体方式投入了大量的哲学思考，他认为某些抽象原则——比如同一个物体可以在时间中持存，或者一个事件必然伴随另一个而发生等——正是我们为建构一个可理解的世界而提供的组织方式。

更重要的是，如果我们所有的知识都由自身的认知官能塑造和组织，那么，只要我们反思这些官能的运作方式，就能绝对确定地知道一些普遍的事情。按理说，如果你早晨出门戴着玫瑰色眼镜，那可以确定你一整天看到的所有东西都带着粉色。同样，如果我们所有的经验都必须仔细打包成不同的有形组块才能得到理解，那么，我们就能知道几何原理必然适用于所有时空——再次强调，并不是因为我们要经过漫长而细致的调查才能从外部世界读取到这些原理，而是因为它们一开始就刻画了我们与外部世界打交道的先决条件。适用于数学和几何的东西同样适用于自然科学。根据康德的说法，我们之所以能够对科学理论中复杂而违背直觉的主张充满信心，是因为牛顿力学的基本原理——所有运动都会保持直线路径，所有作用力都会产生同等强度的反作用力——本身就是我们塑造和组织经验世界的方式的直接表达。

康德巧妙而熟练地解决了这个问题，但其解决方案还有别的重要动机。除了旨在为自然科学的发展提供更加可靠的知识基础以外，康德哲学还试图应对社会和政治方面更为一般的挑战。虽然牛顿的成就毫无疑问带来了新的乐观精神，即人类仅凭推理以及理性本身就能取得进步，但这也为凝聚社会的传统道德和宗教原则施加了相当大的压力。这在一定程度上是个政治合法性问题，因为如果每个人在使用理性上被认为具备同等的能力，那么我们也就不清楚为何应该继续服从教会和国家的既定权威了。但这个问题也在一定程度上关乎社会秩序，因为在一个完全由永恒的物理规律主宰的世界中，所有的行为都完全受底层的力学原理支配，而人不过就是复杂的机器罢了，似乎自由意志或真正的道德主体也不可能存在了。因此，一方面，科学知识的进步为解决社会问题提供了理性的方案，另一方面，它破坏了社会得以维持的政治制度和道德框架——这种紧张关系发展到顶点就是法国大革命的杀戮行为，以及随后遍布欧洲的血腥剧变，而我们直到今天还以各种方式与之缠斗。

因此，科学哲学从其源头处就可被看作一种明确的政治事业，正如康德试图在两个相互竞争的目标之间做出调解一样：为牛顿力学提供令人满意的智性辩护，同时小心地划定人类理性的界限，从而为信仰、希望和宽容等无形的德性留出空间。因此，一方面，康德试图表明我们如何就能确定无疑地知道一些知识，他的理由是这些知识仅仅描述了我们的认知官能在塑造我们的经验方面的作用；另一方面，他还尝试表明，有些事情原则上单凭理性是无法认识的，比如伦理和宗教问题。特别是，康德为我们的日常经验世界——它由认知官能塑造，因此也与算术、几何学和牛顿力学完全一致——和经验背后的世界划定了明显的界限，前者是我们建构日常生活的原材料，而后者的内在本质必然永远位于我们的理解范围之外。

康德旨在证明一种微妙的平衡关系，但这为追随他的人制造了大量分裂，这种现象定义了当前现代哲学中的主要对立和竞争派别。尽管如此，康德的普遍知性框架，以及他为自然科学所做的辩护依旧构成了另外一个世纪的哲学争论的主导因素。从根本上说，他的想法是，我们可以信任科学理论——无论它看上去多么陌生或者在数学上多么难以理解——因为正如几何与算术原理一样，它们实际上是人类思维基本运作方式的表现。因此，数学家们在19世纪末开始探索其他几何系统的可能性时，就被认为是对哲学的一个巨大的打击，而爱因斯坦在20世纪初彻底推翻牛顿力学则被视为一场绝对的灾难。如果科学理论仅仅描述了人类思维的基本结构，我们就难以想象，人们如何能够严肃对待这项事业中的竞争者，更不用说完全改变观点，并且用一种科学理论替代另外一种了。

然而，哲学家们韧性十足，他们绝不会让自然科学中的革命性发展这种事情颠覆他们长期坚持的有关科学应该如何运作的观点。紧急抢救运动适时展开。有人认为，虽然我们在一定程度上像康德主张的那样组织经验的原材料，并将其系统化，但支配我们这样做的机制一定比认知官能的不变结构灵活得多。问题在于，康德把分析的标准定得过高，他试图分析普遍的理性，而不是分析理性之结果的特定科学理论。但这是一项艰巨的任务，因为良好的推理往往并非由任何时间和场合都适用的固定命题构成，它常常从根本上受到环境的左右。当然，康德提供的是那个时代的常识智慧与哲学相应的高科技经典化，正如爱因斯坦所证明的，今天的常识不一定就是明天的常识。

因此，有人指出，康德设想的是我们的认知能力对外部输入的经验的塑造方式，这更像是确定语言中的形式定义过程——我们用"时间"和"空间"等术语来规定相关的思想内容，普遍公理和原理则用来规定它们的用法，而这一切则规定了我们经验这个世界的方式。因此，爱因斯坦工作的主要成就之一并不在于累积更多的经验数据或设计更严格的实验测试，而是提供了理解世界的新方式，它让人们明白了，两件事情"同时"发生究竟意味着什么，由此，这种理解也能够为电磁学兼容力学提供更为简洁的办法。因此，在20世纪30年代，整个科学哲学都变成了理论语言学的一个分支，它已不再致力于得出人类认知的基本原理，而是煞费苦心地想要得出科学术语的定义，进而澄清科学理论的话语体系，此外，它还试图追溯二者之间纯粹的语义学联系。

科学哲学的这种发展与明确的政治议程密切相关。在"一战"后的惶恐时期，世人热切地希望科学的冷静理性能够立即纠正极端的政治立场和危险的外交政策，正是它们让欧洲陷入前所未有的血腥屠杀之中。但这不仅仅是个态度问题——科学也会主张真正的普遍主义和共同的语言，它还会支持超越了狭隘的局部利益的一整套原则，而正是这些利益为人类带来了无尽的苦难。通过澄清科学术语的定义，并进一步厘清不同科学概念之间的关系，这些科学哲学家不仅想重构康德的普遍性计划，而且还明确地想要扩大其民主参与度。复杂的理论语言被简化为关于观察结果的简单陈述，而术语背后的关系也在明确的逻辑框架中得到清楚的表达。科学哲学家们向大众普及科学，是想为他们提供积极参与政治进程所必需的工具和信息，这反过来又会促成一个更加平等和正义的社会。

当然，这种思维最终也不过是自取灭亡。通过为科学理论和语言这种任意之物建立明确的联系，哲学中所谓的语言转向就无可避免地把科学理论和某种文化联系起来。例如，在纳粹德国，爱因斯坦的相对论都被简称为"犹太科学"，这不过是以某种恶毒的方式谈论世界，而非科学的严谨和实验的结果——如今，你依旧可以在遍布世界的人文学科院系中发现，突破性的科学成就会因为其在延续殖民压迫形式中的作用而"成为问题"。就像我们会担心把自己的道德价值和政治制度强加给帝国主义企业中不情愿的参与者一样，世人对原始迷信和低水平技术的批判，也已被当作文化沙文主义的一个令人反感的例子。非常讽刺的是，这项计划的最终结果却是科学普遍主义遭到抛弃，教条式的文化多元主义得到了支持，后者强调并巩固了各种差异，并由此引发了本应避免的社会分裂。

从哲学上讲，科学哲学的整个方法也因其技术上的缺陷而备受困扰。虽然康德的方法最终还是过于僵化而无法适应科学变革和创新的现实，但语言转向又显得过于灵活了。如果我们对世界的经验确实部分地由我们选择应用的语言框架构成，那么，我们必然会产生如下的感觉，即不同的语言框架为不同的科学问题提供了不同的答案。因此，相互冲突的科学理论就等同于无法互译的语言，比如牛顿力学中的"空间"和"时间"等核心术语就真的无法在相对论中找到对等的表达了。但这种想法是矛盾的，因为我们甚至要把某种东西当作另外一种语言的前提，才能如其所是地充分理解这种语言，这反过来又意味着我们能够看到某些语词和短语本应该指涉的对象和事件，它们本身构成了某种基本的翻译。为了确保我们真的能给出无法翻译的语言，我们就必须翻译——用我们自己的语言——其他语言中无法翻译的部分。我们总是必然能够在这些不同的语言框架中转换的事实证明了，它们并非真的互不兼容——这意味着，它们即便真的为同一个科学问题给出了不同的答案也显得毫无意义。因此，语言框架最终对于我们处理的问题还是过于灵活了。

哲学最后的结果是放弃了康德对确定性的追求。我们的科学理论是准确而可靠的，这一点并无逻辑上的担保，因为它们既不反映我们思维的内在运作方式，也没有反映我们刻意的语言规定。这在许多方面都意味着认识论上的解放——我们可以承认，科学理论为我们提供了发现周围世界的最佳方法，但我们不要不切实际地期待它们的结果永远不能被合理地质疑。科学理论会演化和发展的事实意味着，我们对科学知识的分析永远不能说是完备的，而大家目前接受的科学世界观也永远只是暂时的。这是大多数科学哲学家乐于承认的结果，因为他们也会认为，我们的知识论研究与最好的科学实践是一致的，并且我们也缺乏处理这些问题的更高视角。我们要像世人推崇的那样，对科学实践展开彻底的科学研究。

但当代科学哲学正是在这里走入了死胡同。科学理论本身就是自然界的一部分，它是我们与周围环境打交道的智性工具，就像一根削尖的棍子或者一个日晷，因此，它们本身也是科学研究的主题。但我们剩下的只是一个恶性循环，即诉诸最可信赖的科学理论帮助我们确定相信哪种科学理论。结果，哲学被简化为最基本的元素，那些一开始就打算相信科学的人会发现，自己提出了支持这些理论的科学论据，而那些本来就怀疑科学程序的人也能够组织同样多的科学证据支持自己的立场。这是一个只能种瓜得瓜的哲学论证，而复杂的论证和反驳背后的学术争议也常常掩盖了意见分歧，后者被证明是纯粹的智性偏见。这为人们把科学当作政治的手段开辟了道路——科学不再根植于人类思维的基本结构或严格的定义，也并不旨在描绘理性的空间，更不为普遍的话语提供基础，科学面临着成为个人内心深处更加私人的信念表达的风险。科学哲学的这种发展很危险，这也是本书一直关注的主题。

　　　　　　　　　　　　　被误解的科学

书中人物评传

亚里士多德（公元前384年－前322年）

希腊哲学家和博学家，其流传的作品涵盖了物理学、生物学、形而上学、形式逻辑、艺术、诗歌和戏剧等众多主题——其中自然也包括对修辞术、政治和实际统治的研究。与他的导师柏拉图不同，他更强调理论思辨的价值，并把几何与数学的演绎确定性视为人类探究的理想形式，亚里士多德更关注我们在重复的具体观察中建立知识体系的方式，他通常被视为现代科学方法的建立者。亚里士多德关于物质和运动的观点主导了16世纪以前的科学思想，后来，天文学的发展开始对他那本质上静态的宇宙观提出挑战。亚里士多德晚年担任亚历山大大帝的导师，他向后者灌输了无可置疑的希腊文化霸权思想，也灌输了他对全球地理的肤浅理解，这在一定程度上激发了后者对东方世界的卓绝征服。

克劳迪亚斯·托勒密（约公元100年－170年）

希腊数学家、天文学家和地理学家，托勒密以罗马公民的身份生活在埃及的亚历山大城。他的《天文学大成》是现存历史最悠久的天文学著作，其地心说宇宙模型一直到16世纪被哥白尼的日心说推翻以前都是这个领域的权威。托勒密还撰写过一篇重要的制图学论文，其中整理了罗马帝国和波斯帝国已有的地理知识，他还对占星学、光学和音乐做过研究。与其他古希腊作者一样，托勒密的作品在罗马帝国崩溃后也从欧洲消失了，直到文艺复兴时期才得以从阿拉伯语译本中重新复原。

尼古拉斯·哥白尼（1473年—1543年）

波兰数学家和天文学家，同时他也不太情愿地参与了普鲁士帝国和条顿骑士修道院国家之间无休止的政治阴谋，当然，哥白尼以其日心说宇宙模型而闻名。虽然不是第一个提出地球绕太阳旋转的天文学家，但哥白尼是第一个用充分的数学严谨性表达这个想法的人，而他的工作也通常被视为欧洲科学革命开端的标志。哥白尼最初不愿意发表自己的作品，当它最终在路德派神学家安德烈亚斯·奥西亚德的监督下付印时，哥白尼还在书中插入了一个免责声明，这个声明主张大家不必为了做出准确的预测，而把他打算在书中讨论的日心说视为"真实的，乃至可能的"——他由此建立起了科学哲学的整个分支，我的一些同行把自己的整个职业生涯都投入到了这个领域。

伽利略·伽利雷（1564年—1642年）

意大利数学家、天文学家和物理学家，伽利略对力学理论做了必要的推进，从而让它能够与日心说的宇宙观相协调，即让快速旋转的地球和我们日常的静态天体经验相协调。虽然伽利略的工作最初受到天主教会的欢迎，但随后的政治操纵却很快让伽利略陷入困境。他的工作遭到禁止，余生被软禁在佛罗伦萨。宗教裁判所最终在1718年取消了禁止重印伽利略作品的禁令，而对主张日心说的书籍的一般性禁令也在1758年取消。然而，19世纪初的新教善辩者又让这个问题死灰复燃，他们热衷于把天主教会描绘成保守和教条的机构。正是新教教会最早引发世人对哥白尼日心说的关注——并且它接下来也开启了打压明显违背经文的其他科学进步的先河——等事实则恰好被人遗忘了。

艾萨克·牛顿（1642年—1726年）

英国数学家、炼金术士、物理学家、独立实验家和异教徒，牛顿里程碑式的《自然哲学的数学原理》在很多方面都标志着哥白尼和伽利略开创的科学革命达到了高潮，它证明了地球和天体的力学何以能够归结为同一套基本的运动原理——这个十分优美的数学体系在近300年里从未受到挑战，并且如今仍作为爱因斯坦相对论力学的极限案例而受到推崇。牛顿是卓绝天才的原型，他被授予剑桥大学卢卡斯数学教授席位，但此事差点就因为他拒绝放弃（或者隐匿）自己极端的非正统宗教信念而流产，最终他要求国王查理二世出面干预才化解危机。他还被提拔担任皇家铸币厂监管这一职位，牛顿私底下经常出入伦敦最危险的酒吧和酒馆追捕伪币制造者；在皇家学会会长的任期内，他公然滥用职权，在微积分发明权之争的问题上诋毁和攻击竞争对手。然而，牛顿在作为国会议员有据可查的记录中，似乎仅有一次参与发言的记录——他当时抱怨外面风大并要求别人关闭窗户。

大卫·休谟（1711年—1776年）

休谟可以说是有史以来最伟大的哲学家，他从未在合适的大学职位上坐稳过，最后不得不投身政治来谋生，他先是担任了英国驻巴黎大使馆的秘书，后来担任北方事务部的副国务大臣。他的哲学的基础观念是，所有知识都必然最终来自经验——但实际上，经验的基础非常不牢靠。因此，休谟认为，我们关于外部世界的多数信念和自然界的齐一性都不过是习惯和期望，而非理性的推理（《人类理解论》）；而且道德原则更多反映了我们起伏不定的情感，而非冷静的理性（《道德原则研究》）。休谟的这种极端怀疑论尤其体现在他反对奇迹的论证上：他认为，既然任何奇迹都是非同寻常且极不可能发生之事，实际上，它通常更可能是自欺的幻觉，或者他人的故意欺骗，而不是真正发生的奇迹；因此，任何宗教的证据当然都不值得信任。而正是这种自作聪明的观点，解释了休谟总是与学界同行关系糟糕的原因。

伊曼努尔·康德（1724年—1804年）

康德出生于普鲁士的哥尼斯堡（如今俄罗斯的加里宁格勒），他的一生都在此度过，康德的作品是现代哲学发展中的分水岭。在他所谓的哥白尼革命中，康德认为，我们的认知官能必然部分地塑造和决定了知识的对象，如此，我们才能理解它们——这与当时的主流观点相左，后者认为经验是纯粹的被动活动。然而，尽管为了

　　　　　　　　　　　　　　被误解的科学

解释认知过程实际的运作方式，康德付出了极大的努力，其论证技巧也相当纯熟，但他从未让批判者们真正满意过。可以毫不夸张地说，所谓的欧洲大陆哲学和英美分析哲学目前的分裂局面，都源自双方对康德《纯粹理性批判》第一版或者第二版的不同偏好。此外，康德还以其相当平静的生活方式而闻名，流行的神话认为，康德整个一生的活动半径都在哥尼斯堡16公里以内，而且还认为他对外部世界完全缺乏兴趣——尽管学者们又很快指出，他曾在距离哥尼斯堡20公里以外的地方短暂地做过家庭教师，并且还曾向朋友打听过柏林的新鲜事。

查尔斯·达尔文（1809年－1882年）

英国博物学家和生物学家，他的《物种起源》向公众介绍了进化论和自然选择原理。达尔文提出并详细阐述了物种之间的差异是如何通过对不同环境的渐进适应过程而产生的，世人广泛认为本书奠定了现代生物学的基础。然而，这本书的出版却让达尔文有些犯难，他最初是在跟随皇家海军贝格尔号开展研究探险，并在1836年航行至加拉帕戈斯群岛时形成进化论的观念的，但他最后迟至1858年才产生了阐述这个观念的动机，因为当时阿尔弗雷德·拉塞尔·华莱士快要抢先发表相关作品了。世人对达尔文这么久才出版他的作品产生了浓厚的学术兴趣，其中的原因包括害怕教会当局的恶意，而孩子生病为家庭生活带来的困难也让出版事宜被迫推迟。然而，对任何在严肃的学术问题上耗费大量时间的人来说，推迟出版并不令人惊讶。

詹姆斯·克拉克·麦克斯韦（1831年—1879年）

苏格兰出生的物理学家和实验家，曾在伦敦阿伯丁学院和伦敦国王学院任职，后来于1871年担任剑桥大学第一任卡文迪许教授，并且监督建造了卡文迪许实验室。麦克斯韦最重要的科学贡献是在电磁学领域，他从单个电磁场的角度对迈克尔·法拉第在电学和磁学方面的工作做出了复杂的数学拓展。在进一步计算的基础上，他后来推测光也是一种电磁波，并假定存在无处不在的发光以太——最终，这个假设被后来的物理学家推翻——它们是这些波得以传播的媒介。麦克斯韦还对热力学的统计学理解做出了重要贡献，他认为系统的热量可从其组成微粒的平均分布和动能的角度加以理解。

亨利·庞加莱（1854年—1912年）

法国数学家、物理学家和哲学家，他为数论和拓扑学等众多领域做出了开创性贡献，并且还为诸多现代学术分支奠定了基础，比如混沌理论和量子力学等。爱因斯坦认为他对相对论做出了重要贡献，尽管二人从未就相对论的整体理解达成一致。在其哲学著作中，庞加莱问道，当科学史充满错误并且需要大幅修改的时候，我们如何能够相信当前科学理论的主张（见《科学与假设》）；他的答案让人注意到，尽管科学理论的诸多表面细节随时间发生变化，但其底层的数学框架仍具备相当的连续性，并且一直在往前推进。

阿尔伯特·爱因斯坦（1879年—1955年）

出生于德国的物理学家，爱因斯坦在纳粹掌权的1933年宣布放弃自己的公民身份，几年的动荡之后，他于1940年成为美国公民，并且与众多从欧洲出逃的伟大人物一道在普林斯顿高等研究院工作。他以提出广义和狭义相对论闻名于世，爱因斯坦也曾对量子力学的建立做出过贡献——虽然他从未对这个理论的概率本质满意过，还曾宣称"上帝不会掷骰子"。尽管爱因斯坦是坚定的和平主义者，但在说服罗斯福总统开展核武器（这种武器的诞生也因他自己在科学上的突破性贡献才得以成功）研究的过程中，他也发挥了重要作用，这种武器旨在防御纳粹的进攻，但爱因斯坦却在余生里对这个决定后悔不已。

卡尔·波普尔（1902年—1994年）

生于奥地利的科学哲学家，他在20世纪30年代离开欧洲，先是到了新西兰大学，然后在"二战"后成为伦敦政治经济学院的教授。波普尔因对科学方法的研究而闻名，他认为科学方法应该被理解为连续的证伪过程，而非连续确证的过程（《科学发现的逻辑》），波普尔的科学哲学思想在很多方面只是他的政治哲学的延续。因此，他认为对批判性检验的强调，是科学实践的观念与其他形式的人类活动的区别，这种观念来自他对极权主义意识形态的批判（《历史主义的贫困》）；他坚持认为，我们对科学的理解总是暂时的，并且可以修正，波普尔提出这种观念旨在反对社会能够被自封的专家有效规划（《开放社会及其敌人》）。虽然波普尔仍是20世纪最著名的科学哲学家之一，但他粗鄙的个性和不谙世故意味着，他的作品在学术界依旧不受欢迎。

卡尔·古斯塔夫·亨佩尔（1905年－1997年）

德国逻辑学家和哲学家，他在整个欧洲反犹主义浪潮日益高涨的1937年移居美国，后来先后在耶鲁大学、普林斯顿大学和匹茨堡大学等学校工作。也许，亨佩尔最为著名的工作是他对科学解释的研究，他认为这项研究旨在表明，我们渴望理解的事件为何实际上就是自然法则（与相关初始条件结合）的必然结果。亨佩尔旨在为科学实践之不同面相提供具体逻辑结构的普遍方案，这让他置身于所谓逻辑实证主义或逻辑经验主义的著名思想流派之中，这个思想流派主导了20世纪上半叶科学哲学的发展。

托马斯·库恩（1922年－1996年）

美国物理学家、历史学家和科学哲学家，他曾在加州大学伯克利分校、普林斯顿大学和麻省理工学院担任教授职位。库恩的主要研究领域包括：现代早期的天文学（《哥白尼革命》），量子力学的发展（《黑体理论和量子不连续性》），科学方法的本质（《科学革命的结构》）等。库恩尤其想要挑战科学进步是人对严格的规则和原理的应用而实现的这种观念，反之，他认为科学进步主要是通过人对共享的问题和技术的模糊而主观的识别来实现的，它们无法被更加具体地表达。通常，大家会认为库恩的研究证明了，科学实践更多地受到个人兴趣而非经验证据的影响，而且通常只是政治压迫的工具——库恩在其职业生涯后期一直都强烈否认这种解读。

尚格·云顿（1960年—）

比利时出生的武术家和电影明星（出生时名为让·克劳德·范·瓦恩伯格）。以其华丽的高空踢战斗风格，以及从腹部中间击打和撕碎对手的标志性动作而闻名，尚格·云顿在他的众多作品中探索了大量哲学问题，他对后现代的身份解构尤其感兴趣。这一点体现在他饰演的角色幽默荒诞的法语腔上——"什么口音？"——他饰演的大量角色无论个人背景如何，都是出生就分开的双胞胎（《拳坛雄风》《绝地双尊》《极度冒险》等），当然，在《再造战士》系列电影中，他还以宇宙战士的死而复活为背景讨论了个人身份、记忆和历史问题（不算《再造战士2：反攻时刻》，这一部非常糟糕）。

注释

第一章：

1.Karl Popper, *The Logic of Scientific Discovery* (Routledge, 1959), 30. 在这本写于20世纪的最知名且影响最大的科学方法论著作中，波普尔主张自然科学的无限复杂性都能简化为测试和证伪的基本原则。本书因其优雅的思想、清晰的逻辑以及（可能最重要的）可读性而备受赞誉——可读性在专业哲学作品中是罕见的美德，这一点尤其值得一提。然而，有人怀疑本书的多数拥趸甚至都没读完它的引言部分，尽管他们假装自己上大学的时候曾读过此书，因为波普尔这本书的最大特点实际上是它的傲慢语气。这本书的篇幅很长，波普尔在其中简要介绍中心论点后，便集中精力在看似无尽的反例及其复杂问题面前精致地调试和改进这个所谓的简单观念。这个过程的顶点是波普尔十分笨拙地想要提供一个衡量标准，用以衡量相互竞争的科学理论——这也是本书的逻辑结构所依赖的技术手段——几年后，这个标准就被彻底驳倒，而波普尔余下的整个职业生涯都在试图改进、重新表达这个观念，或者他只是尝试忘怀而已。可以这么说，波普尔并不总是知行合一。

2.值得注意的是，某人偏好的宗教信仰越是朴素和传统，他就越不可能赞同经文的字面解释——这也意味着你总是会发现，只有最现代的基督教派和福音派基督徒才支持创世论。人们当然可以对这个事实提出基于历史的复杂解释，比如追溯到新教革命，以及从神圣启示的本质和人与上帝的关系等哲学上十分微妙的问题着眼等。然而，这个问题最终会归结到宗教官僚机构的问题上。简单来说，如果《圣经》被理解为世界最终起源和人类自发创生（以及其他一切）的真实解释，那我们就不再需要依靠无数圣徒和早期教父提供的复杂解释和各种评论了，越是保守的教派越是尊敬这些人物。因此，创世论实际上是一种相对晚近的创新，这更多是人们拒绝大量神职中介的结果，他们在一定程度上会认为自己是教区居民和上帝之间的中介，而非更为古老的知识传统的保存者。

3.*McLean v. Arkansas*, IV(C). 这个案件的部分副本可在互联网上一些鲜为人知的地方找到，通常一并出现的还包括科学和宗教相互斗争的小团体在网上相互斗争时的谩骂。与之相比，打发时间

被误解的科学

更有效的办法是阅读罗伯特·彭诺克、迈克尔·鲁斯编的《何谓科学？创世论和进化论之争中的哲学问题》（Prometheus Books, 2009），该书囊括了麦克莱恩诉阿肯色州案的全部诉讼文件，还包括大量从历史和哲学的角度分析这个争论的优秀文章，它是相关技术和法律问题的有用指南，其中还有对整个问题的一流哲学分析，我尤其推荐书中拉里·劳丹的文章，我基本同意他在文中的观点。

4.Karl Popper, *Conjecture and Refutation* (Routledge, 1963), 35. 整体上，波普尔后来的著作比早期有了相当大的改进，并且后期他开始更加细致地描述科学实践。波普尔的政治观点，包括他对极权主义标签的一般性反驳，均收录在短小枯燥的《历史主义的贫困》（Routledge, 1957）以及流传甚广且可读性强的《开放社会及其敌人》（Routledge, 1945）中。书中的亮点包括，他主张柏拉图——这个据说开创了西方开放式哲学探究观念的人——是个头脑封闭的法西斯主义者，黑格尔——大陆哲学家长期以来推崇为人类自由的最重要权威——则是高度压抑的普鲁士王国的谄媚辩护者。令人有些惊讶的是，马克思本人则受到了真正的尊重，尽管他后来的追随者随即被轻蔑地无视了。

5.Karl Popper, "Intellectual Autobiography," in P. A. Schlipp (ed.) *The Philosophy of Karl Popper* (Open Court Publishing, 1974), 137. 该书包含波普尔的一系列哲学论文集，外

加他自己的反驳文章，这为学术界接受他的作品提供了一个有趣的角度。该书给人的一般印象是，几乎所有人都认为波普尔错了，无论是一般的方法层面，还是他对技术细节的错误处理均是如此。我认为波普尔思想的所有方面都应受到深刻批判。这当然又提出了如下问题，即学术上如此站不住脚的观点如何能在更广泛的大众中变得如此流行——尽管另一方面，人们可能会怀疑，正是在大众中流行解释了波普尔在学术上遭遇的敌意程度。有时候，纯粹无私地追求真理跟这种情况有点类似。

6.*Kitzmiller v. Dover*, 64. 我们可以找到大量描述这个案子的资料。其中一个解释很有趣，见M. Chapman, *40 Days and 40 Nights: Darwin, Intelligent Design, God, Oxycontin, and Other Oddities on Trial in Pennsylvania* (Harper Perennial, 2008). 该书的标题来自本案审判过程中的一个笑话，而实际上这场审判也的确持续了40个日夜。当辩方询问这样安排是否是故意的，法官回答说，这"不符合设计"。

第二章

7.Giorgio Coresio, *Operetta intorno al Galleggiare de Corpi Solidi* (Florence, 1612). 当代学者对伽利略所谓的实验——以及世人对这个实验是否真的发生过几乎完全无知——的有趣调查，见Lane Cooper, *Aristotle, Galileo and the Tower of Pisa* (Cornell University

Press, 1935). 意识到多数搞科研的同事都坚信，比起不加批判地接受权威和传统而言，伽利略的确证明了独立观察和实验更胜一筹之后，库珀才开展这项研究的，但讽刺的是，所有这些人从未想过亲自重复这个实验。

8.Vincenzo Renieri, *Letter to Galileo* (Pisa, March 13, 1641). 请注意"某某耶稣会士"的提法。这些来自耶稣会的好朋友会在我们的故事中发挥重要作用。

9.在这方面值得注意的是，伽利略在构想（我们所认为的）他对亚里士多德式共识的正式反对意见时，他采取的形式是思想实验，而非经验证明。假设我们有两个大小和重量相同的铁球，它们同时从某个恰当的塔楼落下，即使亚里士多德也会同意两球下落的速度相同。现在假设两球经由一条细绳相连。重复这个实验，我们没有理由认为细绳会对两球的下落产生任何影响。我们现在把细绳逐渐缩短到两球刚好接触的长度。就此而言，我们现在就有了一个重量为单个球体两倍的铁球——但认为它现在的下落速度突然加倍则显得荒谬。

10.William James, *The Principles of Psychology* (Harvard University Press, 1890). 哲学文献中提到观察的理论负载时经常会引用本书，N.R.汉森在其*Patterns of Discovery* (Cambridge University press, 1958) 中出色地阐述过这个观点，后来在20世纪60年代和70年代，库恩和费耶阿本德分别在各自的作品中对

其做了进一步的阐述，最终，一些智识上更为轻率的后现代主义科学哲学学派无意间把它推向了可笑的极端，不幸的是，这些学派仍在继续诋毁世界各地大学的人文院系。

11.简单和数学上的优雅并不一定就是哥白尼最重要的动机。哥白尼在作品的引言中以抒情的口吻描绘了他的日心说：

> 太阳是宇宙中心的主宰。在这个最美的庙宇中，我们还能找到更好的位置摆放灯具，从而能让光线瞬间照亮所有地方吗？他被正确地称为明灯、心灵、宇宙的统治者；赫尔墨斯·特里斯梅季塔斯把他唤作可见的神，索福克勒斯的伊莱克特拉称他为无所不见者。因此，太阳坐在皇家宝座上，统治着绕它旋转的行星子民。（*De Revolutionibus Orbium Caelestium*, §10）

正如引文中的赫尔墨斯——一位经常出现在炼金术士和其他伪科学神秘作品中的人物——所言，哥白尼非常在意清楚地表达他的神秘世界观，以及他对太阳近乎神圣的崇拜，就像他重视在任何更为传统的科学事业中对现有的数据简化和系统化一样。从很多方面说，哥白尼的思想实际上并不比他的托勒密派对手进步多少。关于这个判断的更多背景信息请见 Thomas Kuhn, *The Copernican Revolution* (Harvard University Press, 1957)。

12.Galileo Galilei, *Dialogue Concerning the Two Chief World Systems*

(Florence, 1632), The Second Day; translated by Stillman Drake (Random House, 2001), 146. 这个对话的灵感很可能来自柏拉图的哲学作品，但它也为伽利略提供了另外两个重要的旨趣。首先，它让伽利略以大众更易接受的形式表达自己的想法——重点是注意到，《对话》最初是以意大利口语而非拉丁语形式出版的。其次，它让伽利略与自己进一步发展的哥白尼思想保持着审慎的距离。就前者而言，这一战略非常成功；就后者而言，则略逊一筹。

13. 另一个例子是《传道书》1:5中对太阳"如何升起，又如何落下，然后再次升起"的描述。同样，《约伯记》9:6-7中上帝的愤怒——"他使地震动，离其本位，地的柱子就摇撼；他吩咐日头不出来，就不出来，又封闭众星"——可能要求地球通常处于静止状态（才能让它震动），同时要求太阳通常处于运动状态（才能对其发令）。

14. St. Augustine, *The Literal Meaning of Genesis* (c. 415 ad), Section 1.18.37. 圣奥古斯丁生于希波勒吉斯（Hippo Regius）的罗马省，即现在的阿尔及尔，他在这里担任主教一职。圣奥古斯丁是教会中最负名望的早期教父之一，他也可以自夸为酿酒师、印刷工和神学家的守护神——这自然是个不寻常的组合，但几乎涵盖了我的所有兴趣。

15. 或者，这至少是我的解释。但我至少在这一点上，还是有非常优秀的同道中人的，我非常同意研究伽利略的伟大权威斯蒂尔曼·德雷克，他在通俗易懂的*Galileo*（Oxford University Press, 1980）一书中提出了自己的例子。

第三章

16.他在《关于两大世界体系的对话》中花费大量篇幅解释了，为何地球绕太阳的高速运转并未对紧贴其表面的人们产生任何显而易见的影响——因为其他所有一切也都以同样的速度移动着——然而，伽利略还是认为，一定是地球绕太阳的高速旋转造成了各大洋中往复的巨大潮汐运动。从表面看，这个观点相当令人费解，如果一个快速旋转的地球并不会造成地表不停吹动的大风，就像我们日常生活中经常见到的那样，那为何它就一定会导致沙滩上不断地潮起潮落呢，就像我们在堆沙堡时遇到的情况一样？关于伽利略是否意识到这种明显的矛盾，学界仍存在争议，但无论事实如何，牛顿最终为伽利略的问题提供了系统的解决方案。

17."An Experiment to Put Pressure on the Eye"（Cambridge University Library, Department of Manuscripts and University Archives, The Portsmouth Collection, Ms. Add. 3995, 15). 牛顿这一时期的笔记就是他对光学的研究，其中包括他的杂驳清单，光线经过棱镜时发生的折射，对自己开展的可怕实验，以及各种让人咋舌的债务等内容的迷人组合。除了在自然科学

　　　　　　　　　　　　　　　　　　　被误解的科学

方面的开创性贡献以外，这也勾起了我在剑桥的一些回忆。

18.围绕大数据分析发展的热度和炒作的一个很好的例子是：Chris Anderson, "The End of Theory: The Data Deluge Makes the Scientific Method Obsolete" (*Wired*, June 23, 2008)，此文乐观地预测了，工业规模的数据处理能够取代实验和理论。对谷歌流感趋势的最初讨论可见 Jeremy Ginsberg et al, "Detecting Influenza Epidemics Using Search Engine Query Data" (*Nature* 457, February 19, 2009)。

19.在了解到哲学家们对乌鸦——以及它们可能会是什么颜色——的痴迷已经产生了可归于"乌鸦悖论"名下的大量文献后，读者可能就不会惊讶了。这个例子由卡尔·亨佩尔在20世纪40年代提出，它关注的是一个奇怪的悖论，这个悖论似乎构成了我们对证据和确证的直观理解的基础。很自然地，如果我们想检验所有乌鸦都是黑色的假设，我们就会举出一只黑色乌鸦的例子来支持这个假设，而白色乌鸦的例子就会证明这个假设为误，而其他任何东西——比如白色的网球鞋，蓝色的咖啡杯或者一条红鲱鱼——则完全无关紧要。出于同样的原因，如果我们想检验一个稍显生硬的假设，比如所有不是黑色的东西都不是乌鸦，我们就会认为白色网球鞋和蓝色咖啡杯是支持这个假设的证据（它们既不是黑色，也不是乌鸦），而任何颜色的乌鸦都完全与此无关。问题在于，这两个假设在逻辑上等价：断言所有乌鸦都是黑色，等价于断言任何不是黑色的东西也不可能是乌鸦。但现在，我们的论证思路让我们把同样的证据——要么是黑色乌鸦，要么是白色网球鞋——看作与同一个科学假设既相关又不相关，最终的结果取决于我们的表达方式这种无关紧要的因素。C.G.亨佩尔的*Philosophy of Natural Science* (Prentice-Hall, 1966) 一书是这个问题的经典入门，而过去六十年来，大量科学哲学杂志就这个问题的解决方案也莫衷一是。

20. David Hume, *Enquiries Concerning Human Understanding and Concerning the Principles of Morals* (London, 1748) Part IV; edited by L. A. Selby-Bigge (Oxford University Press, 1975), 35–6. 休谟的大部分哲学著作都旨在揭露他的同辈哲学家们的宏大知识理论的缺陷和弱点；与前辈伽利略一样，这并未提高他的知名度。

21. 值得注意的是，虽然像牛顿这样的科学家通常把宇宙的运行与手表的复杂机制作比较，但像休谟这样的哲学家似乎总是倾向于将其与台球桌等更加人为的设计相比。这种差异可能最终只是性格的不同。牛顿自然相信万物都是由一个全能的神灵精心安排的，并且痴迷于发现它们彼此结合的方式；相比之下，休谟是个声名狼藉的无神论者和享受生活之人，他以实用主义的态度热切地拥抱了存在的随机性。如今，科学哲学家谈论台球的频率与谈论黑色乌鸦一样高，但却在一定程度上不像休谟那般无忧无虑了。

22.我从自己经常翻阅的《金枝》中得出了交感魔法和顺势医疗魔法之间的有用区分。到中世纪的时候，世人为了对世界上固有的魔法源头——因其施用的方式，魔法也可能是善意的——以及那些召唤恶魔和其他种类的邪恶咒语做出区分，魔法分类学已变得日益复杂，而为了立法和惩戒的需要，基于这些高度抽象的思考的一整个行业也得以迅速发展。

第四章

23.Arthur Conan Doyle, *A Scandal in Bohemia*, first published in the *Strand Magazine*, June 25, 1891.

24.遗憾的是，这个故事的结局并不圆满，原因在于，尽管那些照搬了维也纳综合医院全面洗手政策的机构的死亡率也迅速和显著地降低了，但塞麦尔维斯却因为自己的建议而被嘲笑，并且他的工作机会也逐渐减少。回到匈牙利后，他逐渐沉迷于这个问题，并开始撰写一些恶意的公开信，他在信中指责医学界的一些知名成员故意以其十足的愚蠢谋害病人。但令人不解的是，这种做法并不起作用，于是，塞麦尔维斯便开始酗酒。1865年，他被送入收容机构。尝试逃跑未果后，他被监护人员暴力殴打，讽刺的是，没几个月，他就因为伤口感染而去世。对塞麦尔维斯的例子的哲学意义的更多讨论见 C. G. Hempel, *Philosophy of Natural Science* (Prentice-Hall, 1966)。

25. J. J. C. Smart, *Philosophy and Scientific Realism* (London, 1963). 作为道德和形而上学等多个领域的先驱，斯玛特以某种特殊的论证策略而著称，他会通过指出对手观点的荒谬后果使其手足无措，然后再全心全意地把它们归为美德；这是一种认识论鸡（epistemological chicken），哲学界更通俗的说法是"机智过人"。

26. Hilary Putnam, "What is Mathematical Truth？", *Philosophical Papers* Vol. 1: *Mathematics, Matter and Method* (Cambridge, 1975), 73. 其中许多问题仍是当今科学哲学家们的重点研究主题，它们自然可以变得相当复杂和技术化。对我们应该如何评估科学理论的可靠性，以及辩论的知识背景等特定问题的深入讨论，感兴趣的读者可随时参考——呃——我的作品：*A Critical Introduction to Scientific Realism* (Bloomsbury, 2016)。

27. Bas van Fraassen, *The Scientific Image* (Oxford, 1980), 40. 在他的作品中，范·弗拉森捍卫了某种特别的观点，即科学的目的实际上仅仅是为了向我们提供可观察现象的准确知识和预测——也就是说，可观察对象不受观察的影响——因此，科学理论告诉我们的一切，比如微观实体、亚原子粒子以及其他我们无法直接观察到的事物，基本上与这个潜在目的无涉。这种观点的动机通常来自我们在知识层面对科学理论的范围和准确性的谨慎态度，以及我们认为科学能够实现什么等特定实用主义的结合。我的博士

论文实际上就是对范·弗拉森著作的研究，但别担心，我不会在此
滔滔不绝的。

28.该领域最重要的研究可能是由阿莫斯·特维尔斯基和丹尼尔·卡
内曼主持的，后者还因为这项研究荣获2002年的诺贝尔经济学奖
（特维尔斯基不幸于1996年去世）。请参阅，如果你还未这样
做：Kahneman, *Thinking: Fast and Slow* (Penguin, 2011)。

29.粗略地讲，我们的认知能力误入歧途的方式可能有两种。如
果我们认为草丛中的沙沙声是老虎造成的，但草丛中实际上什么
都没有，那我们就得出了假阳性的错误结果，因为我们错误地认
为草地里真的有一只老虎。相反，如果我们与一只真的老虎正面
遭遇，但错误地认为这是幻觉，或者有人在恶作剧，那我们就犯
了假阴性的错误。鉴于任何认知过程都不可能百分百准确，上述
情形就意味着，进化的激烈竞争通常对犯下更多假阳性错误的人
更有利，因为仅需一次假阴性错误就足以把某人从基因库中整个
剔除。

30.*Letter from Charles Darwin to William Graham*, July 3, 1881.

31.Alvin Plantinga, *Where the Conflict Really Lies: Science, Religion and Naturalism* (Oxford University Press, 2011).

第五章

32.*Letter from Albert Einstein to Marcel Grossman*, September 12, 1920.

33.在此，我非常感谢安德里亚斯·克莱纳特的研究，多年前，我还有幸参加了他在慕尼黑举办的讲座。克莱纳特教授的相关研究的完整版可见 "Paul Weyland, der Berliner Einstein—Töter"（"Paul Weyland, the Berlin Einstein-Killer"）in H. Albrecht (ed.), *Naturwissenschaft und Technik in der Geschichte, 25 Jahre Lehrstuhl für Geschichte der Naturwissenschaft und Technik am Historischen Institut der Universität Stuttgart* (Stuttgart: Verlag für Geschichte der Naturwissenschaft und Technik, 1993), 198–232。对于感兴趣的读者，威兰德的小说名为《反对特里格拉夫的十字架》，后者是前述嗜血斯拉夫人的异教徒象征，他们被英勇的德国骑士正义地消灭了。很遗憾，我并未在亚马逊网站买到此书，因此无法告诉大家这本书是否值得一读。

34.正如伯特兰·罗素所言：

如果我们充分往前追溯任何一种印欧语系的语言，理论上（至少根据某些权威的意见），我们可以追溯到现有语词得以产生的词根源头。这些词根获得自身意义的方式不得而知，但这个传统的起源却明显是个未解之谜，就像霍布斯和卢梭所谓的公民政府赖以建立的社会

　　　　　　　　　　　　　被误解的科学

契约的神秘起源一样。我们几乎无法设想一群尚不具备语言能力的长者组成议会，然后一致同意把牛唤作牛，狼唤作狼。语词与其含义的联系必然以某种自然的方式生成，尽管我们目前还不清楚这个过程的本质。

Bertrand Russell, *The Analysis of Mind* (George Allen and Unwin, 1921), Lecture X: Words and Meaning.

35.Ludwig Wittgenstein, *Philosophical Investigations* (Blackwell, 1953). 然而，与维特根斯坦的多数作品一样，世人对其文本的具体解释仍存在争议，这种情况把学术界分成了相互对立的派别，他们都主张自己的解读才是对的——我想这只是证明了维特根斯坦的观点的正确性。

36.Thomas Kuhn, *The Structure of Scientific Revolutions* (University of Chicago Press, 1962), 10. 库恩是一位科学史家，他认为自己的科学哲学同行在自己无比抽象的反思中因为无法理解主旨而误入歧途；因此，他的著作旨在从热情的同路人的角度为哲学做出贡献。这种跨学科的做法往往充满困难，因此库恩的作品受到哲学家们的严厉批评，因为它在理论上不够复杂，而历史学家则通常因为缺少细节描述而奚落它，但众多社会学家和其他后现代主义者却热情拥抱它，对他们而言，细节或复杂性的阙如从来都不是什么问题。

37.Ibid., 94.

38.柏拉图在其《泰阿泰德篇》中重新讲述了这个转换。智者是一群专业的修辞学家，他们前往古希腊为富人和特权阶层讲课。然而，他们讲授的大部分内容都是死记硬背下来的有价值的主题，然后让学生能够在时尚晚宴——甚至是公共论坛上——令人作呕地复述，而不必就相关主题发表自己的意见。我建议读者将其与当下的高等教育状况做比较。柏拉图的很多对话都发生在苏格拉底和他在市场遇到的受过高等教育的年轻人之间，在吹捧了他们的高超学识之后，经过简单的诱导性提问，苏格拉底就会暴露他们在理解上的空洞，及其观点中轻率的政治正确。智者们明显因此被激怒，并且在苏格拉底被定罪为"腐蚀青年"的过程中煽风点火，这最终导致他被判处死刑。这段历史时期又被称为雅典民主的黄金时代。

39.Donald Davidson, "On the Very Idea of a Conceptual Scheme," *Proceedings and Addresses of the American Philosophical Association* 47 (1973): 5–20.

第六章

40.William Stanley Jevons, *The Coal Question* (London: Macmillan and Co., 1865), 154. 与很多紧随其后的环境、经济预言家一样，杰文斯的作品明显受到托马斯·马尔萨斯1798年《人口论》的启发，该书认为人口增长很快就会超过农业承载力——

这种情况只能通过战争和饥荒的正面影响加以改进。马尔萨斯是为了肉体的快乐而坚持教会恐怖的清教徒，因此他很早就支持如下观点，即世界上的多数问题都可归结为，尽管自己人已经足够多了，但敌人更多这个事实。情况通常是，马尔萨斯对工人阶级不可救药的贵族式蔑视，让他无法看到后者处境得以改进的任何可能，当自由市场下的资本主义通过废除《谷物法》而提出了明显的解决方案后，社会就亟须其他机制确保社会中的所有人各守其位。这是杰文斯开展相关研究的动机所在，他通过主张"《谷物法》的关键性废除把我们从谷物推向煤炭"而进一步扩充了马尔萨斯的分析框架，底层阶级平均生活水平的任何改善都必须被取消，否则就来不及了。

41.John Maynard Keynes, *Essays in Biography* (Horizon Press, 1951), 266. 尽管对《煤炭问题》引人入胜的写作表达了赞美，但凯恩斯还是得出结论说，"书中的预言并未成真，论证也不牢靠，如今重读总给人过于牵强附会和夸张的感觉"，这种谴责就像你从字面上感受到的那般。凯恩斯还真有点这种风格。

42.如有必要，读者可参考，Paul R. Ehrlich, *The Population Bomb* (Sierra Club, 1968); Edward Goldsmith and Robert Allen, *A Blueprint for Survival* (Ecosystems Ltd, 1972); Barbara Ward and René Dubos, *Only One Earth: The Care and Maintenance of a Small Planet* (W. W. Norton & Co., 1983); 以及 Michael Oppenheimer,

Dead Heat (St. Martin's Press, 1990)——尽管我并不是真的想推荐这本书。

43. Henri Poincaré, *Science and Hypothesis* (Walter Scott Publishing Co., 1905), 160. 庞加莱后来继续反驳这种悲观看法,认为它误解了科学理论的本质。对于庞加莱而言,科学旨在为我们提供关于周围世界的精确数学描述,而随后的理论的描述性主张——粒子或者波,透明天球或者时空形变等——可能会相互取代,但这些主张背后的方程式却表现出高度连续性。因此,尽管表面看起来是断裂的,但科学发展的轨迹实际上是个缓慢而稳定的进步过程。尽管庞加莱主张中的许多历史细节仍存在争议,但它依旧是一系列杰出哲学世界观的组成部分,它旨在从一系列更为深刻的真理出发减少我们日常知识的易缪性,而这些真理只有专业学者才能获得。

44. 表面上看起来只是科学方法论层面的问题,却总是与政治存在有趣地呼应。这就是波普尔所谓的宽容悖论,即"如果我们对不宽容的人也无底线宽容,如果我们不准备捍卫宽容社会,进而抵抗不宽容的冲击,那么宽容以及对这些人的宽容就会毁于一旦"(见*The Open Society and Its Enemies*, Ch. 7, note 4)。波普尔的结论是,为了维护一个宽容的社会,我们必须保留对不宽容说不的权力——必要的时候还可诉诸暴力——就像我们必须保留无法容忍谋杀、奴役和其他犯罪活动的权利一样。同样,支持狭隘的教条主义

被误解的科学

也不符合自由和开放的调查精神。

45.Karl Popper, *The Poverty of Historicism* (Routledge & Kegan Paul, 1957), 8. 与波普尔的多数科学哲学作品一样，本书真正指向的目标仍是他所逃离的欧洲极权政治。虽然本书可算作挑战完全无法证伪的意识形态的最知名背书，但波普尔也在努力强调预测人类社会演化的无限复杂性，以及有多少旨在揭露塑造我们身份的潜在力量的"历史叙事"也犯了同样的错误。

46.Ibid., p. vi.

47.Ibid., p. 89. 波普尔在此的关切可以与他的朋友兼同事弗里德里希·哈耶克的作品《通往奴役之路》进行对比，后者从更直接的政治角度处理了这个问题。自然，哈耶克的名声更多来自他对经济学的研究，但哈耶克和波普尔在各自的写作中经常引用对方的作品，并且他们都关注世人对从科学方法出发，为不公的政治意识形态和有严重缺陷的社会政策提供辩护的误解。

第七章

48.我们对泰勒斯的大部分了解来自亚里士多德记录的少量二手逸事，在这些记述中，很多常见的半神话式哲学成就都可归入他的名下，比如预测日食、开创几何学，以及前往埃及研究古老而深奥的秘密等。然而，他的其他壮举则显得更加实际些，比如他利用自己的天文学知识来预测橄榄的丰收，然后悄然囤积市场上的橄榄油压榨机，再高价租给之前嘲笑过哲学的人。参见 Aristotle, *Metaphysics* (983b27–33), and Politics (1259a).

49.Homer, *The Iliad* (c. 800 bc), 6: 169–78; translation by Robert Fagles. 在这个特殊的例子中，谱系插曲实际上还是有点用处的，因为两位战士发现他们的祖父实际上是亲密的朋友，因此经过慎重思考后，他们最终决定放弃相互厮杀，转而像竞争对手那样相互交换铠甲。在荷马的描述中，特洛伊战争打了10年，如果我们假设这些情节真的发生过，而且如果双方参战者并没有促膝长谈自己漫长的家庭历史，那任何重要的事情都无法实现。

50.这种特别的设计就是通过神圣干预的方式夸张地解决问题，它与索福克勒斯的作品密切相关，但在现代文学中也能找到类似的表达，无论是通过神秘的恩人，还是未曾听闻的富有亲戚，或者——我个人最爱的——突然撕掉面具，从而袒露出全然不同的角色和道德义务。对于古希腊道德思想中的紧张关系，及其在悲剧中的表达，以及它与我们当代情境的不连贯性的深入研究，可参见 Alasdair MacIntyre, *After Virtue* (Duckworth, 1981)。

51.William Paley, *Natural Theology* (R. Fauler, 1802). 佩利选择手表做类比，似乎是此类论证长期痴迷钟表的一个表现；在佩利熟悉的奇妙复杂机制出现之前，我们发现西塞罗——罗马政治家、演说家和哲学家——对世界表现出的明显设计特征与日晷钟或水钟的复杂运作机制做出过比较。我认为，我们需要特定的个性，更别提生活方式，才能找到一个能够激发智性思考的钟表，仅仅依靠专横监工是不行的。有时候，我会怀念在大学工作的时光。

52.David Hume, *Dialogues Concerning Natural Religion* (London, 1779), Section VII. 虽然休谟拒绝以夸张的方式讨论他的对手，并在整体上贬低同行，而且他的朋友和亲人也担心他因为此前作为无神论者和怀疑论者的坏名声而造成不好的后果，而建议他直到过世后才出版《对话》——尽管和往常一样，来自学术界而非教会的任何直接干涉，让休谟最终未能去爱丁堡大学工作。然而，休谟的《自然宗教对话录》毫无疑问仍是一本哲学杰作，并且它是一本篇幅仅为100页左右的易读作品，书中的论证比你能找到的浪费书店空间的冗长反宗教小册子都更加精细。本书不受版权保护，并且可在你喜欢的电子阅读器上免费阅读，如果你愿意阅读的话。

53.Ibid., Section VIII.

54.Ibid., Section V.

55.这种特别的思路也见于传统神学，它通常被称为"恶的问题"。其中的困难在于，它试图调和世界上显而易见的恶与苦难，并且前提是存在无比强大（因此他也有能力结束这种苦难）且无限仁慈（并且因此有动力结束这种痛苦）的神。很明显，这个论证并没有对某种普遍意义上的全能存在者——他可能压根不在乎我们的生活——造成任何压力，但对那些更加注重个体信仰的宗教却构成了挑战。世人对这个问题最普遍的回应是，主张世上的一些邪恶和痛苦是某些更大善的必然结果，例如我们自由意志的能力，无论多么强大的神，不管他是否在意我们的生活，都无法抑制我们的这种能力。

56.Jean-Paul Sartre, *La Nausée* (Librairie Gallimard, 1938), 184–5. 这是我读过的第一本哲学著作，我还生动地记得它对我产生过深刻的启发——尽管我并不记得启发我的具体内容。多年后，我手上这本书已在书架上蒙灰，但我依旧很开心能把它融入严肃的论证之中。

参考书目

Barnes, Jonathan (1984), *The Complete Works of Aristotle*. Princeton: Princeton University Press.

Chapman, M. (2008), *40 Days and 40 Nights: Darwin, Intelligent Design, God, Oxycontin, and Other Oddities on Trial in Pennsylvania*. New York: Harper Perennial.

Cooper, Lane (1935), *Aristotle, Galileo, and the Tower of Pisa*. Ithaca: Cornell University Press.

Copernicus, Nicolaus (1992 [1543]), *De Revolutionibus Orbium Caelestium*; translated by E. Rosen. Baltimore: The Johns Hopkins University Press.

Darwin, Charles (1859), *On the Origin of Species*. London: John Murray.

Davidson, Donald (1973), "On the Very Idea of a Conceptual Scheme," *Proceedings and Addresses of the American Philosophical Association* 47: 5–20.

Dicken, Paul (2016), *A Critical Introduction to Scientific Realism*. London: Bloomsbury.

Drake, Stillman (1980), *Galileo*. Oxford: Oxford University Press.

Frazer, James (1913), *The Golden Bough: A Study in Comparative Religion*. London:

Macmillan.

Galilei, Galileo (2001 [1632]), *Dialogue Concerning the Two Chief World Systems*; translated by S. Drake. New York: Random House.

Ginsberg, Jeremy, Matthew H. Mohebbi, Rajan S. Patel, Lynette Brammer, Mark S. Smolinski, and Larry Brilliant (2009), "Detecting Influenza Epidemics Using Search Engine Query Data," *Nature 457* (19 February):1012–14.

Hanson, N. R. (1958), *Patterns of Discovery*. Cambridge: Cambridge University Press.

Hayek, Friedrich (1944), *The Road to Serfdom*. Chicago: Chicago University Press.

Hempel, C. G. (1966), *Philosophy of Natural Science*. New York: Prentice-Hall.

Homer (1997 [c. 800 BC]), *The Iliad*; translated by R. Fagles. New York: Penguin Classics.

Hume, David (1975 [1748]), *Enquiries Concerning Human Understanding and Concerning the Principles of Morals*; edited by L. A. Selby-Bigge. Oxford: Oxford University Press.

Hume, David (1990 [1779]), *Dialogues Concerning Natural Religion*; edited by S. Tweyman. London: Penguin.

James, William (1890), *The Principles of Psychology*. Cambridge: Harvard University Press.

Jevons, William Stanley (1865), *The Coal Question: An Inquiry Concerning the Progress of the Nation, and the Probable Exhaustion of Our Coal-Mines*. London: Macmillan and Co.

Kahneman, Daniel (2011), *Thinking, Fast and Slow*. London: Penguin.

Kant, Immanuel (1998 [1781]), *Critique of Pure Reason*; edited by P. Guyer and A. Wood. Cambridge: Cambridge University Press.

被误解的科学

Keynes, John Maynard (1951), *Essays in Biography*. New York: Horizon Press.

Kleinert, Andreas (1993), "Paul Weyland, der Berliner Einstein—Töter," in H. Albrecht (ed.) *Naturwissenschaft und Technik in der Geschichte, 25 Jahre Lehrstuhl für Geschichte der Naturwissenschaft und Technik am Historischen Institut der Universität Stuttgart. Stuttgart*: Verlag für Geschichte der Naturwissenschaft und Technik, 198–232.

Kuhn, Thomas (1957), *The Copernican Revolution*. Cambridge: Harvard University Press.

Kuhn, Thomas (1962), *The Structure of Scientific Revolutions*. Chicago: University of Chicago Press.

MacIntyre, Alisdair (1981), *After Virtue: A Study in Moral Theory*. London: Gerald Duckworth and Co.

Malthus, Thomas Robert (1798), *An Essay on the Principle of Population*. London: J. Johnson.

Newton, Isaac (2016 [1687]), *Philosophiae Naturalis Principia Mathematica*; translated by B. Cohen and A. Whitman. Oakland: University of California Press.

Paley, William (1802), *Natural Theology; or Evidence of the Existence and Attributes of the Deity*. London: R. Fauler.

Pennock, Robert and Ruse, Michael (eds) (2009), *But Is It Science? The Philosophical Question in the Creation/Evolution Controversy*. New York: Prometheus Books.

Plantinga, Alvin (2011), *Where the Conflict Really Lies: Science, Religion, and Naturalism*. New York: Oxford University Press.

Plato (1987 [c. 380 BC]), *Theaetetus*; translated by R. Waterfield. London: Penguin Classics.

Poincaré, Henri (1905), *Science and Hypothesis*. London: Walter Scott Publishing

Company.

Popper, Karl (1945), *The Open Society and Its Enemies*. London: Routledge.

Popper, Karl (1957), *The Poverty of Historicism*. London: Routledge. Popper, Karl (1959), *The Logic of Scientific Discovery*. London: Hutchinson.

Popper, Karl (1963), *Conjecture and Refutation*. London: Routledge.

Popper, Karl (1974), "Intellectual Autobiography," in P. A. Schlipp (ed.) *The Philosophy of Karl Popper*. London: Open Court Publishing.

Putnam, Hilary (1975), "What is Mathematical Truth?," *Philosophical Papers Vol. 1: Mathematics, Matter and Method*. Cambridge: Cambridge University Press.

Russell, Bertrand (1921), *The Analysis of Mind*. London: George Allen and Unwin.

Sartre, Jean-Paul (1938), *La Nausée*. Paris: Librairie Gallimard.

Smart, J. J. C. (1963), *Philosophy and Scientific Realism*. London: Routledge.

St. Augustine (1982 [c. 415 AD]), *The Literal Meaning of Genesis*; translated by John H. Taylor, *Ancient Christian Writers, Vol. 41–42*. New York: Newman Press.

van Fraassen, B. C. (1980), *The Scientific Image*. Oxford: Oxford University Press.

Wertham, Fredric (1954), *Seduction of the Innocent: The Influence of Comic Books on Today's Youth*. New York: Rinehard and Co.

Wittgenstein, Ludwig (1953), *Philosophical Investigations*. Oxford: Blackwell.

被误解的科学

图书在版编目 (CIP) 数据

被误解的科学 / (英) 保罗·迪肯 (Paul Dicken)
著;李果译. -- 重庆:重庆大学出版社,2020.11
书名原文:Getting Science Wrong:Why the
Philosophy of Science Matters
ISBN 978-7-5689-1949-4

Ⅰ.①被… Ⅱ.①保… ②李… Ⅲ.①科学方法论—
通俗读物作 Ⅳ.① G304-49

中国版本图书馆 CIP 数据核字 (2020) 第 036387 号

被误解的科学
BEIWUJIE DE KEXUE
[英] 保罗·迪肯 著
李果 译

策划编辑:姚 颖
责任编辑:姚 颖
责任校对:刘志刚
责任印制:张 策
书籍设计:周伟伟

重庆大学出版社出版发行
出版人:饶帮华
社址:(401331)重庆市沙坪坝区大学城西路 21 号
网址:http://www.cqup.com.cn
印刷:北京盛通印刷股份有限公司

开本:890mm×1240mm 1/32 印张:8.5 字数:176 千
2020 年 11 月第 1 版 2020 年 11 月第 1 次印刷
ISBN 978-7-5689-1949-4 定价:59.00 元